SCI
Steel Knowledge

Advanced Steel Construction **No.10**

대형 웨브 개구부를 갖는 합성보 설계

Design of Composite Beams With Large Web Openings

posco RIST 재단법인 포항산업과학연구원 Research Institute of Industrial Science & Technology

역자서문

최근 세계적인 경제위기로 국내의 건설시장은 많은 어려움과 위축을 겪고 있는 실정이다. 건설분야에서 선진적인 엔지니어링 기술의 지속적 개발과 보급은 이러한 상황을 극복해 나갈 수 있는 주요한 수단 중 하나로서 그 필요성이 적극 요청되는 시점이라고 할 수 있으며, 이의 근간을 이루는 주요 분야로서 강구조 기술은 더욱 더 그 중요성이 부각되고 있다고 하겠다. 이러한 취지에서 지난 해에 이어 포스코의 지원을 통하여 세계에서 강구조 활용이 가장 활발한 국가의 하나인 영국의 최신 실무기술인 영국 SCI(The Steel Construction Institute) 기술자료의 제2차 번역작업을 수행하게 되었다.

영국의 강구조 건설기술은 1970년대부터 코러스(CORUS)와 영국강구조연구소(SCI), 임페리얼 대학을 중심으로 한 30년간 지속적인 공동연구 및 기술실용화 노력에 힘입어 전 세계에서 가장 활성화되어 있다. 중심역할을 하고 있는 SCI는 건설기술개발 및 강재의 효율적인 적용에 관한 다양한 활동을 하고 있는 연구기관이다. 주요 연구개발 분야는 건물, 공장, 교량, 사회기반시설 및 해양구조물을 포괄하고 있으며, 강구조 및 합성구조, 경량철골구조, 그리고 모듈러 건축과 관련된 많은 실용기술 개발을 통하여 강구조 활성화에 큰 기여를 해오고 있다. 탄소강은 물론 스테인리스강의 구조설계, 동적거동평가, 내화공학, 지속가능한 건축, 가치공학, 정보기술, 음향 및 단열성능 등에 관한 다양한 설계도서 및 지침서를 지속적으로 출간하고 있으며, 현재까지 200여권이 출간되어 실무자에게 많은 호평을 받고 있다.

SCI의 기술자료를 소개하는 제1차 작업에서는 1) 강재 글래이징 시스템, 2) 강구조 건물의 신내화설계법, 3) 강구조 바닥진동의 새로운 설계법, 4) 강재 주거용 건축, 5) PC슬래브 활용 슬림플로어 설계 등과 관련된 5권의 기술자료를 번

역, 출간하였으며, 금번 제2차 작업에서는 제1차 작업과의 연장선에서 1) 강구조 커튼월 접합, 2) 강구조 건축물의 무피복 내화설계, 3) 대형 웨브 개구부를 갖는 합성보 설계, 4) 데크를 이용한 합성바닥 및 합성보, 5) 강구조 합성접합부 등의 5권의 기술자료를 번역하였다. 본 기술자료는 상대적으로 익숙한 미국과 일본의 관련 기술과 대비되는 최근의 유럽 선진기술을 접하는 계기가 될 것이며, 강구조 기술에 대한 교육 및 학습, 나아가 실무에도 실질적인 도움이 될 수 있을 것이라 생각된다.

초벌번역에 고생한 서울대 건축학과의 김정재(강구조 커튼월 접합), 안재권(강구조 건축물의 무피복 내화설계), 한규홍(대형 웨브 개구부를 갖는 합성보 설계), 부산대 건축학과의 박해용(강구조 합성접합부), 그리고 고려대 건축사회환경공학부의 류재호(데크를 이용한 합성바닥 및 합성보) 대학원생에게 깊은 감사를 드린다.

2010년 9월

서울대학교 건축학과 이철호
부산대학교 건축학부 오상훈
고려대학교 건축사회환경공학부 주영규
포항산업과학연구원 백승경

저자서문

직사각형이나 원형의 대형 개구부가 있는 보는 설비 덕트가 구조체를 통과해야 할 때 매우 유용한 방법이지만, 개구부 설계 시 추가적인 고려를 해야 한다. 과거 SCI에서 'Design for openings in webs of composite beams' (P068) 설계 지침이 출판되었으며, 개구부 관련 추가연구가 European Coal and Steel Community project인 Large Web Openings for Service Integration in Composite Floors (ECSC 프로젝트번호7210-PR-315)와 Research Fund for Coal and Steel valorisation project (RFCS Project RFS-C2-05037)를 통해 진행되었다.

본서는 SCI멤버이며 Surrey 대학 건설 시스템학부 교수인 R M Lawson 교수, 뉴질랜드 HERA의 S J Hicks박사(전 SCI멤버) 의 집필과 SCI의 W I Simms 박사의 도움으로 출판되었다. 본서는 이산된 개구부와 좁은 간격의 개구부를 갖는 보에 관한 일반적인 설계방법을 Eurocode에 근거하여 기술한다.

본서는 P068 설계지침을 대체한다.

본서의 출판작업과 연구는 Corus Construction Services & Developmen로부터 부분적으로 자금지원을 받았다.

목차

요약

직사각형이나 원형의 대형 개구부가 있는 보는 설비 덕트가 구조체를 통과해야 할 때 매우 유용한 방법이지만, 개구부 설계 시 추가적인 고려를 해야 한다. 본서는 이산된 개구부와 좁은 간격의 개구부를 갖는 보에 관한 일반적인 설계방법을 Eurocode에 근거하여 기술한다. 또한 부록으로 지침을 적용한 설계예제를 포함하여 독자의 이해를 돕고자 한다. 본서는 과거 SCI에서 출판된 'Design for openings in webs of composite beams' (P068) 설계 지침을 대체한다.

기호

Eurocode의 기호를 따름.

A_{bT}	하부 T단면의 단면적
A_{tT}	상부 T단면의 단면적
A_c	콘크리트 단면적
A_f	플랜지 단면적
A_r	수평 스티프너의 단면적
A_{sl}	인장철근의 단면적
A_v	보의 전단 면적
$A_{v,bT}$	하부 T단면의 전단 면적
$A_{v,tT}$	상부 T단면의 전단 면적
$A_{w,b}$	하부 T단면의 웨브 단면적
$A_{w,T}$	T단면의 웨브 단면적
b	보 간격
b_{eff}	경간 임의지점에서의 유효슬래브폭
$b_{eff,o}$	개구부 위치에서의 유효슬래브폭
b_f	플랜지폭
b_o	데크 리브의 평균폭(요각데크의 최소폭); 그룹 외측 전단연결재 사이의 중심거리
b_r	스티프너 돌출부의 폭
b_w	수직전단강도산정을 위한 슬래브의 유효폭
d	스터드 전단연결재 축부 직경; 수직전단에 저항하는 콘크리트의 유효깊이
e_o	웨브 중심선위로 이격된 개구부의 편심
e_r	개구부의 수평단부로부터 스티프너 중심까지의 오프셋 거리
E	강재의 탄성계수
E_{cm}	콘크리트의 할선탄성계수
f_{cd}	콘크리트의 설계압축강도
f_{ck}	콘크리트의 특성실린더압축강도
$f_{ck,cube}$	콘크리트의 특성입방압축강도
f_u	강재의 인장강도
f_y	강재의 항복강도

f_{yr}	스티프너 강재의 항복강도
$F_{r,d}$	스티프너의 설계축력(단부 정착을 검토할 때)
$F_{r,Rd}$	스티프너의 설계축강도
F_{ten}	합성 T단면이 받을 수 있는 최대 비렌딜휨강도가 완전히 동원될 때 개구부 단부의 전단연결재에 작용하는 인장력
G	지속하중
h	강재보의 춤
h_b	하부 T단면의 춤
h_t	상부 T단면의 춤
h_c	데크프로파일 상부의 콘크리트 깊이(= $h_s - h_d$)
h_d	데크프로파일 전체 깊이
h_{eff}	T단면의 중심 사이의 강재 유효깊이
h_o	개구부 깊이
h_p	데크프로파일의 깊이(프로파일 어깨까지의 깊이)
h_s	슬래브의 총깊이
$h_{s,eff}$	펀칭전단에 대한 슬래브 유효깊이
h_{sc}	전단연결재의 공칭높이(일반적으로 100 mm 또는 125 mm)
h_w	플랜지 사이 보 웨브의 순 깊이
h_{wb}	하부 T단면 웨브의 깊이
h_{wt}	상부 T단면 웨브의 깊이
$h_{w,T}$	T단면 웨브의 깊이(상황에 따라 h_{wt} 또는 h_{wb})
I	합성단면의 단면이차모멘트
I_y	강재단면의 y-y축(강축)에 대한 단면이차모멘트
I_o	개구부 위치에서의 합성단면의 단면이차모멘트
k_o	긴 개구부의 유연성에 따른 비렌딜휨강도 감소계수
k_t	보에 수직한 프로파일시트와 함께 사용된 전단머리스터드(headed stud)의 강도 감소계수
$k_{t,max}$	k_t 의 상한값
ℓ_e	직사각형 개구부의 유효길이
ℓ_o	개구부 길이
$\ell_{o,eff}$	비렌딜휨에서 단면등급에 사용되는 개구부 유효길이
ℓ_v	직사각형 개구부에 대한 수직 스티프너의 정착길이(개구부 단부를 넘는 부분)
ℓ_w	웨브포스트의 좌굴길이

L	길이;경간
L_e	등가경간
$M_{pl,a,Rd}$	강재단면의 소성휨강도
$M_{bT,NV,Rd}$	축인장력과 전단을 고려하여 감소된 하부 T단면의 휨강도
$M_{el,Rd}$	탄성휨강도(T단면)
M_{Ed}	설계휨모멘트
$M_{pl,N,Rd}$	축력을 고려하여 감소된 소성휨강도(T단면)
$M_{o,Ed}$	개구부 중심선에서의 설계휨모멘트
$M_{o,Rd}$	개구부 중심선에서의 합성단면의 휨강도
$M_{pl,Rd}$	소성휨강도(T단면)
$M_{tT,NV,Rd}$	축인장력과 전단력을 고려하여 감소된 상부 T단면의 휨강도
$M_{wp,Ed}$	개구부 중간높이의 웨브포스트 설계휨모멘트
$M_{wp,Rd}$	웨브포스트의 (탄성)휨강도
$N_{bT,Ed}$	하부 T단면에 작용하는 인장력
$N_{a,Rd}$	강재보의 인장강도
$N_{c,Ed}$	콘크리트 플랜지에 작용하는 설계압축력
$N_{c,f}$	완전합성 되었을 때, 콘크리트 플랜지에 작용하는 설계압축력
$N_{c,Rd}$	유효슬래브폭 구간의 콘크리트 슬래브의 압축강도(콘크리트 압축강도나 전단연결정도에 의해 제한된다)
$N_{c,s,Rd}$	유효슬래브폭에 해당하는 콘크리트의 압축강도
$N_{bT,Rd}$	하부 T단면의 축강도
$N_{tT,Rd}$	상부 T단면의 축강도
$N_{wp,Ed}$	웨브포스트의 유효압축력
$N_{wp,Rd}$	웨브포스트의 좌굴강도
$\Delta N_{b,Ed}$	인접 개구부 중심선 사이의 하부 T단면에 작용하는 인장력의 증가분
$\Delta N_{co,Rd}$	개구부상의 전단접합에 의한 슬래브의 압축강도 증분
$\Delta N_{cs,Rd}$	개구부 중심선 사이의 전단접합에 의한 슬래브의 압축강도 증분
n	탄성계수 비:전단연결재의 개수
n_f	완전합성을 위한 전단연결재 개수
n_0	보 경간 내 개구부 개수
n_r	직교하는 데크의 리브당 전단연결재의 개수
n_{sc}	지점에서 개구부 중심까지의 전단연결재 개수
$n_{sc,o}$	개구부 구간의 전단연결재 개수
$n_{sc,s}$	인접 개구부의 중심선 사이 슬래브에 위치한 전단연결재의 개수

P_{Ed}	전단연결재의 설계전단력
P_{Rd}	전단연결재의 설계전단강도; 직교하는 데크를 고려하여 감소된 전단 연결재의 설계전단강도
q	단위 길이당 변동하중
Q	변동하중(집중하중 또는 총하중)
r	압연단면의 필렛 반경
r_{o}	개구부 코너 반경
s	인접 개구부 중심간 거리
s_{e}	단부포스트의 폭
s_{o}	인접 개구부의 끝단 사이 거리
t_{f}	플랜지 두께
t_{r}	스티프너 두께
t_{w}	웨브 두께
$t_{\mathrm{w,eff}}$	전단을 고려하여 감소된 유효웨브두께(T단면)
$v_{\mathrm{c,Rd}}$	개구부 콘크리트 슬래브의 전단강도
V_{b}	하부 T단면의 전단력
$V_{\mathrm{b,Rd}}$	하부 T단면의 전단강도
$V_{\mathrm{c,Rd}}$	개구부 콘크리트 슬래브의 전단강도
V_{Ed}	설계전단력
V_{Rd}	개구부 보의 수직전단강도
$V_{\mathrm{t,Rd}}$	상부 T단면의 전단강도
$V_{\mathrm{wp,Rd}}$	개구부 사이 웨브포스트의 수평전단강도
$V_{\mathrm{wp,Ed}}$	개구부 사이 웨브포스트의 수평전단력
x	가까운 지점으로부터 개구부까지의 거리
w	비개구부 보의 처짐(아래첨자 b는 휨을 아래첨자 sw는 자중을 의미)
w_{add}	개구부에 의한 추가처짐(아래첨자 b는 휨을 아래첨자 v는 전단을 의미)
z_{c}	압축을 받는 콘크리트의 깊이
z_{el}	플랜지 외측면부터 T단면 중심까지의 깊이
z_{pl}	플랜지 외측면부터 T단면 소성중립축까지의 깊이축
x	부재 길이방향의 축
y-y	강축(플랜지와 평행)
z-z	약축(웨브와 평행)

그리스 기호

α	h_{sc}/d 비에 따른 전단연결재강도의 감소계수
γ_{M0}	강재단면의 부분강도계수
γ_{M1}	강재단면의 불안정에 의한 부분강도계수
γ_{C}	콘크리트의 부분계수
γ_{V}	전단머리스터드의 부분전단강도계수
η	전단접합의 정도
μ	활용계수
σ_{cp}	축하중에 의한 콘크리트의 압축응력
$\bar{\lambda}$	웨브포스트 좌굴에 대한 웨브의 무차원 세장비
λ_1	상대 세장비를 결정하기 위한 세장비
ε	$\sqrt{235 / f_y}$ 여기서, f_y는 N/mm^2 단위
$\Psi_{0,i}$	i번째 변동하중의 조합계수
ξ	비우호 지속하중의 감소계수

CHAPTER 01

서론

1.1 배경

합성구조는 모든 종류의 다층건물에서 일반적으로 선호되는 구조로 자리매김 되었다. 합성구조에서 I형 또는 H형 강재보는 전단연결재에 의해 합성슬래브와 연결된다. 합성거동은 강재보 단독거동에 비해 휨 강도를 50~100% 증가시킨다. 지난 20년간 다수의 장스팬 합성 시스템이 개발되었고, 대부분 바닥 구조체 깊이 내에서 설비를 수용하는 통합 방식으로 개발되었다.

바닥구조체 깊이 내에서 설비를 수용하는 일반적인 방법은 I형 또는 H형 보의 웨브에 원형이나 직사각형의 개구부를 만드는 것이다. 개구부는 주로 다음 두 가지 형태로 만든다:

· 개구부간의 상호작용을 최소화 시키는 위치에 사각형이나 원형의 독립된 대형 개구부를 배치(그림 1.1 참조).

· 규칙적인 원형 개구부를 설치(타원형 개구부와 함께 있는 경우도 있음)–이 경우 흔히 셀룰러보라 함(그림 1.2 참조).

웨브개구부가 있는 보는 다음의 세 가지 방법으로 제작한다.

·열간압연형강에 개별 개구부를 만든다. 강재단면 형상은 대칭이다. 이 방법은 독립 개구부를 갖는 보를 제작할 때 사용한다.

·세 개의 판재를 용접하여 I형 단면의 조립단면을 만든다(그림 1.3 참조). 비대칭 단면도 가능하며(하부 플랜지가 더욱 크도록) 길이방향으로 보의 춤을 변화시킬 수도 있다(그림 1.4 참조). 개구부는 I형강의 제작 전후에 만든다. 이 방법은 독립 개구부나 일정한 간격의 개구부에 사용한다.

·열간압연형강의 웨브를 길이방향으로 자른 T형 단면을 재배치 후 용접하여 일정한 간격의 개구부를 갖는 춤이 더 큰 보를 만든다. 역사적으로, 초기에는 허니컴보가 사용되었으나 근래에는 원형의 개구부를 갖는 보(그림 1.2참조)를 사용한다. 서로 다른 I형강에서 잘라 낸 T형 단면으로 이루어진 비대칭의 보도 가능하다. 이 방법은 일정한 간격의 개구부에만 사용할 수 있다.

대형 개구부는 웨브 면적을 감소시켜 보의 전단강도를 크게 저하시키지만, 보의 모멘트 강도에 미치는 영향은 작다. 대형 개구부가 있는 단면을 통한 전단전달은 중요한 설계 고려대상으로, 대형 개구부를 전단력이 큰 위치에서 이격시켜 배치하여 개구부에 의한 강도 감소를 최소화하는 것이 효과적이다.

대형 개구부 상하부 웨브-플랜지 T단면에서의 비렌딜휨 즉, 네 모서리부 휨에 의해 전단력이 전달된다; 이로 인해 개구부의 네 모서리에는 응력이 복잡하게 작용한다. 그림 1.5는 비렌딜휨에 의한 파괴모드를 보여준다. 수평 스티프너는 T형 단면의 휨강도를 국부적으로 증가시켜 전단전달 능력을 향상시킨다.

조립보는 개구부 부근 웨브의 좌굴을 막기 위한 수직 스티프너가 필요한 세장한 웨브를 갖기도 한다(그림 1.4 참조). 하지만, 두꺼운 웨브를 사용하거나 개구부의 위치를 조절(즉, 집중하중과 떨어진 지점에 위치시켜)하여 수직 스티프너를 최소화시키는 것이 보다 경제적인 설계가 될 수 있다.

【그림 1.1】 직사각형의 독립 개구부를 지닌 합성보

【그림 1.2】 두 개의 열간압연형강으로 제작한 일정간격의 원형 개구부가 있는 셀룰러보

【그림 1.3】 세 개의 판재로 조립 제작된 다양한 형상의 개구부가 있는 보

【그림 1.4】보강된 대형 개구부를 갖는 테이퍼 보(Commerzbank, Frankfurt)

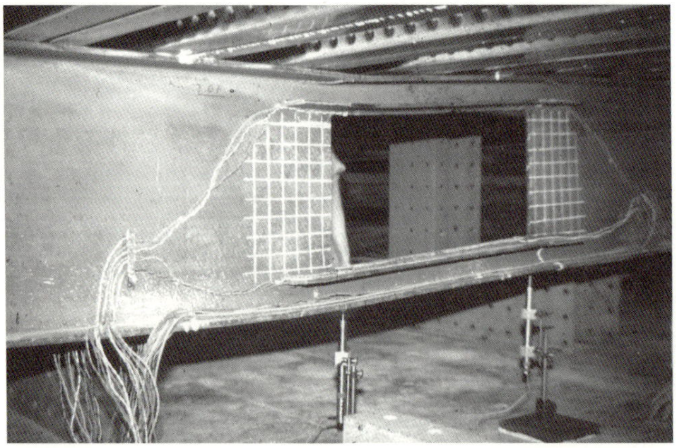

【그림 1.5】대형 개구부의 비렌딜휨을 보여주는 합성보 실험

1.2 기존 설계지침

SCI에서는 합성구조에서 이산된 개구부를 갖는 열간압연 보의 설계를 다룬 Design of openings in the webs of composite beams (P068)[1] 을 1998년에 출판하였다. 이 책은 Warwick[2] 대학에서 실험한 직사각형 개구부를 갖는 10m 경간의 합성보 실험결과를 캘리브레이션하여 제시되었다.

최근 설계·시공되는 개구부가 있는 합성보는 Warwick 대학의 실험체 및 SCI P068에서 다루는 개구부 합성보와 다음과 같은 주요한 차이가 있다:

· 상하부 플랜지의 비대칭 정도가 큰 강재보가 자주 사용된다.

· 국부좌굴의 영향이 큰 세장한 웨브가 자주 사용된다.
· 그림 1.6과 같이 변장비(길이:폭)가 큰 긴 개구부가 자주 사용된다.
· 한쪽 플랜지쪽에 매우 근접한 보 춤내에서 비대칭인 개구부가 종종 사용된다.
· 종종 원형 개구부 사이의 웨브포스트를 제거한 타원형 개구부를 만들기도 한다.

이러한 변화로 인해 다양한 열간압연형강과 조립형강에 적용할 수 있도록 SCI P068의 적용범위를 확장할 필요성이 제기되었다. 하지만 모든 경우에 대해 명확한 지침을 제공하는 것은 현실적으로 불가능하며, 이러한 경우 일반적인 구조설계원칙을 따라야 한다. 특히 조립형강의 경우가 이에 해당된다.

더구나, Eurocode의 도입으로 설계법은 Eurocode 3, Eurocode 4의 이론 및 적용법과 일치해야 한다. 웨브개구부가 있는 보 설계에 관한 이전 기준인 ENV 1993-1-1: 1992/A2: 1998[3]의 Annex N에 대한 개정작업이 시작되었지만, 위원회의 개정안이 아직 출간되지 않았을 뿐 아니라 출간된 Eurocode에 포함되지 않았다. 대형 웨브개구부가 있는 보에 관한 미국의 지침[4]도 있지만, 이 지침은 셀룰러보나 좁은 간격의 개구부가 있는 보에는 적용할 수가 없다.

구조-설비 통합 일반지침은 Design of steel framed buildings for service integration (P166)[5]에서 찾을 수 있다. 이 지침은 다양한 형태의 장경간 강구조물에 팬코일(Fan-Coil)방식이나 VAV방식 공조기의 덕트나 터미널유닛(terminal unit)의 배치방법을 제공한다.

【그림 1.6】 합성보 내의 보강된 긴 개구부

1.3 본서의 범위

본서는 열간압연형강과 조립형강을 포함하도록 SCI P068의 적용범위를 확장하였으며, 관련 적용규칙인 BS EN 1993-1-1[6] 과 BS EN 1994-1-1[7] 을 따른다. 본서는 다음 경우에 해당하는 단순지지된 합성보를 대상으로 한다:

- 압연형강과 강판으로 제작된 조립보.
- 대칭, 비대칭인 강재단면(하부플랜지 대 상부플랜지의 단면적 비율은 3 이하).
- 등급 1, 2, 3 에 해당하는 플랜지와 등급 1, 2, 3, 4에 해당하는 웨브를 갖는 강재단면.
- 보 춤의 중심 또는 중심을 벗어나서 개구부가 있는 단면.
- 직사각형, 원형, 타원형의 개구부.
- 간격이 넓은 개구부와 조밀한 개구부를 갖는 보.
- 웨브 두께가 일정한 셀룰러보.
- 노치보.

다음의 경우는 본서에서 직접 다루지 않는다:

- 웨브의 상하부 두께가 다른 셀룰러보의 웨브좌굴 효과
- 연속보.
- 테이퍼 보(변단면 보).
- 곡선보.
- 합성거동하는 슬림플로어 보.
- 내화설계

본 지침은 콘크리트 슬래브의 구조적 역할을 무시할 수 있는 비콤팩트 보에도 적용할 수 있다(또한 콘크리트가 경화되지 않은 시공 단계의 합성보 설계도 취급한다.). 비콤팩트 보에 고려해야 할 추가사항도 언급하였다.

BSI에서 출판한 Eurocode와 영국 부속규정에서 해당부분을 참조하였다.

1.4 설계기준

본서는 일반 구조공학용어로써 집필되었으며 BS 5950-1[8], BS 5950-3[9] 을 대체하는 BS EN 1993-1-1, BS EN 1994-1-1의 규정을 따른다. 본서는 Eurocode에서 다루지 않는 일반적인 설계를 다루고 있기 때문에, 모순되지 않는 보충정보를 제공하는 것으로 볼 수 있다.

Eurocodes

BS EN 1990[11]는 Eurocode의 구조설계의 근간을 나타내는 핵심조항이며, 하중조합을 정의하고 있다. 하중조합 6.10b 은 영국 지역 가새골조의 보를 극한한계상태에 대해 설계할 때 가장 일반적으로 적용할 수 있는 하중조합을 나타낸다.

$$\sum_{j\geq 1} \xi_j \gamma_{G,j} G_{k,j} + \gamma_{Q,1} Q_{k,1} + \sum_{i>1} \gamma_{Q,i} \Psi_{0,i} Q_{k,i}$$

여기서

$G_{k,j}$	j 번째 지속하중의 특성값
$Q_{k,1}$	주 변동하중의 특성값
$Q_{k,i}$	i번째 변동하중의 특성값
$\gamma_{G,j}$	j 번째 지속하중의 부분계수
$\gamma_{Q,1}$	주 변동하중의 부분계수
$\gamma_{Q,i}$	i번째 변동하중의 부분계수
$\Psi_{0,i}$	다른 하중과의 조합계수
ξ	비우호 지속하중의 감소계수

사용성 한계상태에서 영구변형을 고려해야 할 경우는 하중의 특성값을 사용해 조합한다(the characteristic combination of actions). 일상적으로 작용하는 하중은 빈번하중조합(the frequent combination)을 사용하며, 크리프나 건조수축에 의한 처짐과 같은 경우는 유사지속하중조합(the quasi permanent condition)을 적용한다. 이들 하중조합은 다음과 같이 정의한다:

특성하중조합 $\sum_{j\geq 1} G_{k,j} + Q_{k,1} + \sum_{i>1} \Psi_{0,i} Q_{k,i}$

빈번하중조합 $\sum_{j\geq 1} G_{k,j} + \Psi_{1,1} Q_{k,1} + \sum_{i>1} \Psi_{2,i} Q_{k,i}$

유사지속하중조합 $\sum_{j\geq 1} G_{k,j} + \sum_{i>1} \Psi_{2,i} Q_{k,i}$

특성하중조합은 주로 처짐 등을 확인할 때 사용한다. Ψ_0 는 극한한계상태에(아래 참조), Ψ_1 과 Ψ_2 는 하중의 종류에 따라 사용한다.

하중은 Eurocode 1의 Part 1-1[12] 에 정의되어 있으며, 건물의 자중과 적재하중의 크기를 제공하고 있다. 시공단계에서는 콘크리트의 자중과 기타 시공하중을 변동하중으로 취급함에 유의할 필요가 있다; 이 사항은 Part 1-6[13] 에서 다루고 있다.

BS EN 1993-1-1 는 철골구조물의 일반규칙을 제공하며 BS EN 1993의 다른 부분과 연계되어 있다. BS EN 1994-1-1는 합성구조물의 일반규칙을 제공하며 BS EN 1993-1-1, BS EN 1992-1-1[14] 와 연계되어 있다.

철골 및 합성 구조물의 내화설계요건은 BS EN 1993-1-2[15], BS EN 1994-1-2[16] 에서 다룬다.

국가 부속규정

Eurocode는 국가 부속규정을 통해 Eurocode를 각국의 상황에 맞추어 적용하고 국가별 변수를 결정한다. 본서에서 영국 부속규정을 따를 때는 이 점을 명시하였다.

하중부분계수

하중부분계수는 BS EN 1990[11]의 국가 부속규정에서 제공한다. 지속하중의 부분계수 $\gamma_{G,j}$ 는 1.35 이다. 대부분의 건물에서 비우호 지속하중의 감소계수 ξ 는 0.925 이며, 부대하중의 조합계수 $\Psi_{0,1}$ 는 0.7 이다. 6.10b 의 지속하중의 총합계수는 $\xi \times \gamma_G = 0.925 \times 1.35 = 1.25$ 이다.

비우호 변동하중의 부분계수 $\gamma_{Q,1}$ 는 1.50 이다.

하중 특성값에 적용하여 설계하중의 크기를 결정하는 총합계수는 표 1.1과 같다.

【표 1.1】 6.10b의 영국 건물의 하중 총합계수

하중	한계상태		
	극한 한계상태	사용성 한계상태	화재 한계상태
자중(고정하중)	1.25	1.0	1.0
적재하중(주 변동하중)	1.5	1.0	0.5

재료강도 부분계수

합성보와 슬래브의 설계에 사용하는 재료강도 부분계수는 표 1.2와 같다.

설계강도는 특성재료강도를 관련 부분계수로 나누어 구한다.

BS EN 1993-1-1의 영국 부속규정에서 강재단면의 강도 부분계수 γ_{M0} 가 1.0이므로 설계강도는 특성강도와 같다.

사용성능과 내화설계에는 한계상태에 따른 적정 신뢰도를 반영한 재료강도부분계수를 사용한다.

【표 1.2】 재료강도 부분계수

설계변수		한계상태		
		극한 한계상태	사용성 한계상태	화재 한계상태
강재단면의 강도	γ_{M0}	1.0	1.0	1.0
철골부재의 좌굴에 대한 강도	γ_{M1}	1.0	1.0	1.0
콘크리트 강도	γ_{C}	1.5	1.0	1.0
스터드의 전단강도	γ_{V}	1.25	1.0	1.0
합성슬래브의 전단강도	γ_{VS}	1.25	1.0	1.0
철근	γ_{S}	1.15	1.0	1.0

이 표의 값은 BS EN 1992-1-1, BS EN 1993-1-1, BS EN 1994-1-1의 영국 국가 부속규정에서 발췌한 값이다.

Cross referencing and symbols

본서에서는 Eurocode와의 상호참조를 위하여, 관련조항을 기재하였다. 용어와 기호는 가능한 Eurocode 와 동일하게 사용하였다.

아래첨자 Ed는 하중효과(내력과 모멘트)의 설계값을, 아래첨자 Rd는 설계강도의 크기를 뜻한다. 이 첨자를 통해 하중효과와 강도 사이의 기호 구분이 분명하게 된다.

Eurocode 4의 BS EN 1994-1-1에 대한 배경정보를 알 수 있는 항목별 세부리뷰는 Johnson 과 Anderson[17]의 저서를 참조하라.

1.5 재료강도

강재의 강도

강재의 강도는 보통 N/mm^2 단위의 특성항복강도 f_y로 나타낸다. 합성보에는 다양한 강종의 강재가 사용되며, 영국에서는 일반적으로 S275, S355 강재를 사용한다. 사용성이 문제가 되지 않을 경우 합성보에서는 대개 높은 강도의 강재를 선호한다.

BS EN 1993-1-1의 영국 부속규정에서는 생산규격(열간압연강재는 BS EN 10025[18])에 명시된 규정 최소치를 강재의 공칭강도로 택하도록 하고 있다. BS EN 10025에 의한 S235, S355강재의 항복강도와 인장강도는 표 1.3과 같다. 영국에서는 이보다 고강도의 강재는 일반적으로 가용하지 않으며, BS EN 1994-1-1는 공칭항복강도 460 N/mm^2 이상의 강재는 포함하지 않는다.

BS EN 1993-1-1의 3.1 절에서 강재의 공칭강도를 특성값으로 택해 계산에 사용할 것을 규정하고 있다.

【표 1.3】 BS EN 10025-2에 의한 강재의 항복강도 f_y 와 인장강도 f_u

강종	공칭두께, t (mm)			
	t ≤ 16 mm		16 mm < t ≤ 40 mm	
	f_y (N/mm^2)	f_u (N/mm^2)	f_y (N/mm^2)	f_u (N/mm^2)
S235	235	360	225	360
S275	275	430	265	410
S355	355	510	345	470

강재 데크

프로파일 강재데크는 BS EN 10346[19]에 따라 강판으로 냉간가공되며, 강판은 주로 S280 GD + Z275을 사용한다. (BS EN 1994-1-1의 EN 10147는 EN 10346로 대체됨.) BS EN 1993-1-3에 따른 S280 GD + Z275의 특성항복강도와 인장강도는 280 N/mm^2 와 360 N/mm^2 이다. 강판의 아연코팅 무게는 275 g/m^2 이다.

BS EN 1994-1-1의 영국 부속규정에 의한 합성슬래브에 사용할 수 있는 최소 순강판두께(코팅 전 두께)는 0.7 mm이지만, 실무에서는 일반적으로 0.9 ~ 1.2 mm 두께(코팅 두께 포함)의 강판을 사용한다.

BS EN 1992-1-1 과 BS EN 1994-1-1에서는 콘크리트의 특성실린더압축강도 및 입방압축강도와 관계되는 강도등급으로 콘크리트 압축강도를 지정한다.

예를 들어 C30/37등급은 실린더강도는 30 N/mm^2 , 입방강도는 37 N/mm^2 임을 의미한다.

BS EN 1992-1-1에서는 특성실린더강도 f_{ck} 를 기준으로 강도를 나타낸다. 보통콘크리트에서 실린더공칭강도는 입방강도의 약 0.8배이다($f_{ck} \approx 0.8 f_{ck,cube}$).

BS EN 1992-1-1 표 3.1은 보통콘크리트의 실린더강도, 입방강도, 탄성계수를 제시하고 있는데 표 1.4와 같다. BS EN 1994-1-1 은 C20/25부터 C60/75까지의 보통콘크리트를 다룬다.

[표 1.4] 콘크리트 물성치(BS EN 1992-1-1의 표 3.1 발췌)

콘크리트 물성	콘크리트 강도등급				
	C20/25	C25/30	C30/37	C35/45	C40/50
f_{ck} (MPa)	20	25	30	35	40
$f_{ck,cube}$ (MPa)	25	30	37	45	50
E_{cm} (GPa)	30	31	33	34	35

주: 1 MPa 는 N/mm^2, 1 GPa는 kN/mm^{2}과 동일

경량골재콘크리트의 물성치는 BS EN 1992-1-1의 표 11.3.1 에서 제공되며 표 1.5와 같다.(Eurocode 2 및 Eurocode 4에서는 콘크리트 강도식에 f_{ck} 대신 특성강도 f_{lck}가 사용됨에 유의.) 경량콘크리트의 탄성계수는 보통콘크리트의 탄성계수에 $(\rho/2200)^2$을 곱한 값으로 한다. 여기서 ρ 는 건조비중이며 kg/m^{3}단위이다. 표 1.5는 비중 1850 kg/m^{3}에 대한 값이다.

[표 1.5] 경량골재콘크리트의 물성치(BS EN 1992-1-1의 표 11.3.1 발췌)

콘크리트 물성	콘크리트 강도등급				
	LC20/22	LC25/28	LC30/33	LC35/38	LC40/44
f_{lck} (MPa)	20	25	30	35	40
$f_{lck,cube}$ (MPa)	22	28	33	38	44
E_{lcm} (GPa)	21	22	23	24	25

주: E_{lcm} 은 건조비중 1850 kg/m^{3}에 대한 값이다.

BS EN 1994-1-1의 §4.2.1.2는 콘크리트 설계압축강도를 $f_{cd} = f_{ck} / \gamma_c$로 정의한다. 하지만 BS EN 1994-1-1은 소성응력분포에 있는 합성보의 경우 압축강도를 0.85 f_{cd} 로 제한할 것을 권장한다.

별도의 언급은 없지만, 0.85는 합성보 설계단계에서 실제 포물선인 콘크리트 응력–변형도 관계를 사각형의 소성응력블록으로 가정한 차이를 고려한 것이다. 탄성설계에서는 콘크리트의 강도를 f_{cd}로 한다.

BS EN 1994–1–1의 설계식을 전단스터드 연결재에 적용하기 위해서는, 경량골재콘크리트의 건조비중이 1750 kg/m³ 이상이어야 한다.

1.6 전단접합

전단스터드 연결재

BS EN 1994–1–1의 §6.6.3에 의하면 콘크리트에 매립된 전단스터드 연결재의 강도는 다음 두 식 중 작은 값을 사용한다:

$$P_{Rd} = \frac{0.8 f_u \pi d^2/4}{\gamma_v}$$

$$P_{Rd} = \frac{0.29 \alpha d^2 \sqrt{f_{ck} E_{cm}}}{\gamma_v}$$

여기서 α는 다음과 같다:

$$\alpha = 0.2\left(\frac{h_{sc}}{d} + 1\right) \qquad 3 \le h_{sc}/d \le 4 \text{ 일때}$$

$$\alpha = 1 \qquad h_{sc}/d > 4 \text{ 일때}$$

여기서

d	스터드 축부 직경(16 mm $\le d \le$ 25 mm)
h_{sc}	스터드의 공칭높이
f_u	스터드의 인장강도
f_{ck}	콘크리트의 특성실린더압축강도(건조비중 1750 kg/m³ 이상)
E_{cm}	콘크리트의 할선탄성계수(표 1.4 참조).

EN ISO 13918에 따를 때 스터드는 일반적으로 인장강도가 450 N/mm²인 SD1타입으로 시방된다.

직경 19 mm , 길이 100 mm 인 전단연결재가 콘크리트 슬래브에 매립될 경우 설계강도는 표 1.6 및 표 1.7과 같다(영국에서 일반적으로 사용되는 경량콘크리트의 건조비중은 1850 kg/m³ 이다).

[표 1.6] 보통콘크리트에 매립된 전단연결재의 설계강도

콘크리트 등급별 전단연결재의 설계강도(kN)				
C20/25	C25/30	C30/37	C35/45	>C40/50
65	74	81	81	81

주: 영국 부속규정의 γ_v와 f_u = 450 N/mm² 을 기준으로 한 값

[표 1.7] 경량콘크리트에 매립된 전단연결재의 설계강도(건조비중 ρ = 1850 kg/m³)

콘크리트 등급별 전단연결재의 설계강도(kN)				
LC20/22	LC25/28	LC30/33	LC35/38	LC40/45
55	62	70	77	81

주: 영국 부속규정의 γ_v와 f_u = 450 N/mm² 을 기준으로 한 값

합성데크를 사용할 경우, 이 값은 데크프로파일의 형상을 반영한 경험식에 따라 감하여 사용한다. (1.6 데크형상이 전단연결재에 미치는 영향 참조)

데크형상이 전단연결재에 미치는 영향

합성슬래브와 합성보 사이 전단접합효율은 데크프로파일의 형상과 리브에 위치한 전단연결재의 개수에 따라 저감될 수 있다. 전단연결재의 강도는 연결재 주위의 콘크리트 면적과 슬래브 토핑에 의한 전단머리의 매립정도에 크게 영향을 받는다. 데크프로파일 형상과 그룹 내 전단연결재의 개수를 반영하는 단순 감소계수식을 사용한다.

보에 직교하는 리브를 갖는 데크의 강도감소계수

BS EN 1994-1-1의 §6.6.4.2 에 따르면 전단연결재의 감소계수 k_t (솔리드 슬래브에 대한 상대 내력)는 다음의 경험식으로 산정한다:

$$k_t = \frac{0.7}{\sqrt{n_r}}\frac{b_0}{h_p}\left(\frac{h_{sc}}{h_p} - 1\right)$$ 하지만 $k_{t,max}$ 를 초과할 수 없음

여기서

b_o 리브의 평균폭(또는 요각데크의 경우는 최소폭)

h_{sc} 스터드 공칭높이

h_p 프로파일 높이(프로파일 어깨까지의 높이)

n_r 리브당 스터드의 개수 (n_r = 1 또는 2)
$k_{t,max}$ k_t 의 상한값(표 1.8참조)

BS EN 1994-1-1의 §6.6.5.8(1)에 의하면, 전단연결재는 적어도 스터드 직경의 2배 이상의 높이만큼 데크상부에 돌출되어야 한다(즉, 19mm 직경의 전단연결재는 38mm 이상).

위 식의 계수 0.7은 최근의 전단연결재 성능시험에 근거한 BS EN 1990 Annex D[11] 를 반영한 것이다.

데크 리브당 한 개의 전단연결재가 있는 경우는 위 식을 보수적으로 볼 수 있지만, 두 개의 전단연결재가 있는 경우는 그렇지 않다. 그러므로 상한값 $k_{t,max}$를 표 1.8과 같이 제한하고 있다. 상한값은 강판의 두께와 데크관통용접 여부의 함수로도 표현된다. 전단연결재의 직경제한은 캘리브레이션 가능한 실험 데이터를 반영한 것이다.

영국에서는 최근 보에 직교하는 데크의 스터드 전단강도에 관한 실험을 메쉬 보강의 높이를 변수로 하여 수행하였다. 이 실험결과 특정조건에서는 위의 방법으로 계산된 감소계수를 강도에 적용해야 한다는 결과가 도출되었다. 보다 상세한 가이드는 www.steel-ncci.co.uk 의 PN001을 참조하라.

[표 1.8] 감소계수 k_t 의 상한값 $k_{t,max}$ (BS EN 1994-1-1의 표 6.2 발췌)

리브당 스터드의 수	강판두께 t (mm)	직경 20mm이하이며 프로파일강판을 관통하여 용접된 스터드	스터드 직경 19mm 또는 22mm 이며 구멍이 있는 프로파일
$n_r = 1$	≤ 1.0	0.85	0.75
	> 1.0	1.0	0.75
$n_r = 2$	≤ 1.0	0.70	0.60
	> 1.0	0.80	0.60

중앙부에서 벗어나게 배치된 전단연결재의 강도감소계수

최근 많은 데크프로파일들이 리브 중앙을 겹쳐서 보강하므로 리브 중앙에서 떨어져서 전단연결재가 위치할 필요가 있다. 인근지점과 가장 가까운 리브쪽에 전단연결재를 배치하는 것이 선호된다.

BS EN 1994-1-1의 규정은 중앙부에 용접된 전단연결재에만 적용할 수 있다. 중앙부에 스터드를 배치할 수 없는 경우는 전단연결재를 적절 위치(스터드 전면의 압축을 받는 콘크리트영역이 스터드의 후면보다 넓은 위치) 또는 중앙부 옆의 한쪽에 용접하는 것이 좋다.

보에 나란히 놓인 데크의 강도감소계수

BS EN 1994-1-1의 §6.6.4.1에서는 데크가 보에 나란히 놓인 경우, 솔리드 슬래브의 강도에 상대적인 감소계수를 다음과 같이 제시하고 있다:

$$k_l = 0.6\frac{b_0}{h_p}\left(\frac{h_{sc}}{h_p} - 1\right) \leq 1.0$$

이 계수는 하나 또는 둘씩 배치된 전단연결재에 적용된다.

1.7 유효슬래브폭

BS EN 1994-1-1의 §5.4.1.2에 따라 강재보와 합성거동하는 유효슬래브폭 b_{eff}를 정의한다. 유효슬래브폭은 콘크리트 플랜지의 전단지연 효과를 반영한 것으로 등가경간 L_e의 함수로서 단순보 또는 연속보 여부에 영향을 받는다. 극한 한계상태설계와 사용성 한계상태설계에서 모두 동일한 중앙부 유효폭을 사용한다.

보 중앙부의 유효폭은 다음과 같다:

$$b_{eff} = b_o + \sum b_{ei}$$

여기서

b_{ei}	보 양측면 슬래브의 유효슬래브폭 (= $L/8$, 실제폭을 초과할 수 없음)
b_o	그룹외측 전단연결재 사이의 중심거리
L_e	유효경간, 단순보의 경우는 보 경간 L에 해당

따라서 단순보의 경우 b_o를 무시하면 중앙경간의 유효슬래브폭 b_{eff} 는 $L/4$이다(보간격을 초과할 수 없음).

§5.4.1.2(6) 조항에 의하면 지점부의 유효슬래브폭은 다음과 같이 정의된다:

$$b_{eff} = b_o + \sum \beta_i\, b_{ei}$$

여기서

$\beta = 0.55 + 0.025\, L_e/b_{ei}$

단순보의 경우 보 단부 유효슬래브폭은 다음과 같다:

$b_{eff} = b_o + 0.187\, L$

경간 단부의 유효슬래브폭은 중앙부 유효슬래브폭의 약 75%정도이다. 웨브개구부의 유효폭은 3.2 개구부의 유효슬래브폭을 참조하라.

1.8 부분전단접합

합성보 설계는 종종 전단연결정도로 조절할 수 있다. 완전합성을 위한 기준보다 전단연결재가 적은 경우 합성보가 전소성모멘트를 발휘하는 것이 불가능하다. 이러한 경우를 부분전단접합이라 한다. 전단연결정도는 최대모멘트지점에서 정의하지만, 부분전단접합은 경간의 모든 지점에서 길이방향의 전단력에 따라 존재한다.

전단접합정도는 BS EN 1994-1-1의 §6.6.1.2에서 다음과 같이 정의한다:

$$\eta = \frac{n}{n_f}$$

여기서

n_f 완전합성을 위한 전단연결재 개수

n 모멘트가 영인 지점과 최대모멘트 지점 사이의 전단연결재 개수

강재보의 인장강도가 콘크리트 슬래브의 압축강도를 초과할 경우($N_{a,Rd} > N_{c,Rd}$) 전단연결정도는 다음과 같이 표시할 수 있다:

$$\eta = \frac{N_{c,max}}{N_{c,s,Rd}} \qquad (1)$$

여기서

$N_{c,max}$ 모멘트가 영인 지점과 최대모멘트 지점 사이의 전단연결재에 의한 총전단전달($= n\, P_{Rd}$)

$N_{a,Rd}$ 강재보의 인장강도

$N_{c,s,Rd}$ 유효슬래브폭에 해당하는 콘크리트의 압축강도 $N_{c,s,Rd}$ =

$0.85 f_{cd} b_{eff} h_c$, 여기서 f_{cd} 는 BS EN 1994-1-1의 정의를 따르며 (1.5절 참조) b_{eff}는 최대모멘트 지점의 유효폭, h_c 는 프로파일 상부의 콘크리트 깊이

P_{Rd} 프로파일쉬트와 함께 사용된 전단연결재의 설계강도(즉, 1.6절의 k_t 또는 k_l를 곱한 P_{Rd})

강재보의 인장강도가 콘크리트 슬래브의 압축강도보다 작을 경우 ($N_{a,Rd} < N_{c,s,Rd}$) 슬래브가 발휘하는 최대강도는 $N_{a,Rd}$ 와 같으므로 이 때의 전단연결정도는 다음과 같이 표시할 수 있다:

$$\eta = \frac{N_{c,max}}{N_{a,Rd}} \tag{2}$$

선형상호작용법

부분전단접합된 합성단면의 휨강도는 두 가지 방법으로 결정한다. 간단한 방법은 BS EN 1994-1-1의 §6.2.1.3의 '선형상호작용' 법이다. BS EN 1994-1-1의 §6.2.1.3(5)에서 제안하는 감소휨강도는 다음과 같다:

$$M_{Rd} = M_{pl,a,Rd} + \eta\,(M_{pl,Rd} - M_{pl,a,Rd}) \tag{3}$$

여기서

η 위의 식 (1) 또는 식 (2)와 같다

$M_{pl,Rd}$ 완전합성단면의 휨강도

$M_{pl,a,Rd}$ 강재단면의 휨강도

보의 설계휨모멘트 M_{Ed} 는 M_{Rd} 이하가 되도록 설계하여 한다. 검토는 전단전달을 $N_c = n_{sc} P_{Rd}$ 로 재정의하여 개구부에서 반복한다. 여기서 n_{sc}는 지점부터 경간의 개구부까지 설치된 전단연결재의 개수이다.

선형상호작용법은 강소성이론(응력블럭법이라 하기도 함)에 비해 보수적이다.

최소 전단접합

Aribert[22] 의 연구에 근거하여 위의 방법 적용시 최소 전단접합정도를 명시하고 있다. 이 최소값은 최소 6mm의 미끄럼 변형능력 정도의 전단연결재의 변형능력을 확보하기 위한 것이다. 이론적으로, 강소성이론은 선형상호작용법에 비해 전단연결재가 항복상태에서 보다 크게 변형할 것을 전제하고 있다. 그러므로

선형상호작용법을 사용할 경우 이 제한값은 상대적으로 더 보수적이다. (보다 큰 미끄럼 능력에 대한 전단연결재의 제한값이 영국에서 실험으로 정해졌으며, 이는 www.steel-ncci.co.uk 의 PN002에서 찾을 수 있다.)

BS EN 1994-1-1의 §6.6.1.2 에서는 대칭인 강재단면의 일반적인 최소 전단접합을 다음과 같이 규정하고 있다:

$$L_e \leq 25: \qquad \eta \geq 1 - \left(\frac{355}{f_y}\right)(0.75 - 0.03L_e), \qquad \eta \geq 0.4$$

$$L_e > 25: \qquad \eta \geq 1.0$$

여기서

L_e 휨모멘트가 영인 지점 사이의 거리(단순보는 보경간), 미터단위

소성설계에 강도가 높은 강재를 사용할 경우, 큰 변형률과 큰 요구변형 때문에 강재의 강도 f_y의 영향을 위 식에 반영시키고 있다.

하부플랜지의 면적이 상부플랜지 면적의 3배인 비대칭 강재단면에서는 최소 전단접합을 다음과 같이 정한다:

$$L_e \leq 20: \qquad \eta \geq 1 - \left(\frac{355}{f_y}\right)(0.30 - 0.015L_e), \qquad \eta \geq 0.4$$

$$L_e > 20: \qquad \eta \geq 1.0$$

플랜지 면적비율이 1~3인 강재단면에서는 위의 전단접합 한계값을 선형보간할 수 있다.

다음의 조건을 모두 만족시킬 때는 전단연결정도를 완화할 수 있다:

· 용접후 스터드의 전체길이가 76mm이상이며, 스터드 축부 공칭직경이 19mm

· I형 또는 H형으로 상하플랜지 크기가 같은 압연 또는 조립형강 단면

· 콘크리트 슬래브가 보와 교차하는 프로파일 강재데크와 합성되며, 콘크리트 리브가 보를 지나 연속

· 데크의 리브당 한 개의 스터드가 존재

·데크리브의 형상이 $b_o/h_p \geq 2$ 이며, $h_p \leq 60$ mm

·1.8절 선형상호작용법을 적용

이러한 경우(단일 전단연결재에 대해), 다음의 최소 전단접합을 적용한다:

$$L_e \leq 25: \quad \eta \geq 1-\left(\frac{355}{f_y}\right)(1-0.04L), \quad \eta \geq 0.4$$

$$L_e > 25: \quad \eta \geq 1.0$$

설계경간에 따른 다양한 최소 전단접합은 그림 1.7과 같다.

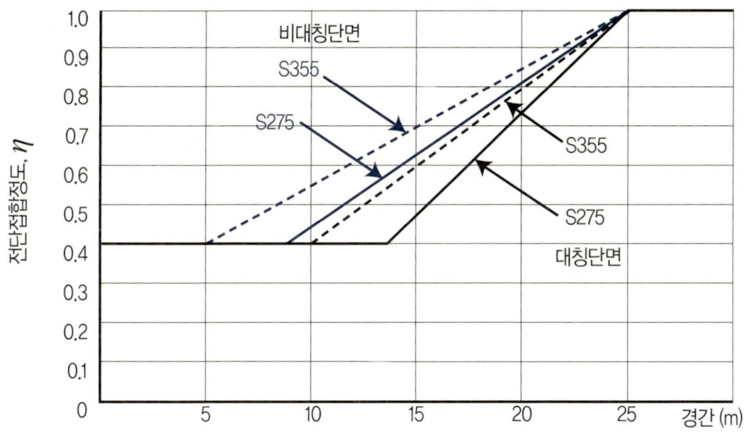

【그림 1.7】 합성보의 경간에 따른 최소 전단접합의 변화

전단연결재 간격

BS EN 1994-1-1은 실무에서 사용되는 최대 또는 최소 전단접합에 영향을 주는 전단연결재 간격에 대해 다음과 같은 제한사항을 둔다:

§6.6.5.7 – 전단연결재의 간격이 길이방향은 $5d$ 가로방향은 $4d$ 이상으로 한다(d 는 전단연결재의 직경).

§6.6.5.5 (2)– 프로파일쉬트가 보와 직교할 경우, 전단연결재의 길이방향 간격이 $15t_f\varepsilon$ 를 넘지 않으면 실제 단면등급과 관계없이, 단면의 압축플랜지를 단면등급 1 또는 2로 한다.

§6.6.5.2 (3)– 전단연결재의 최대 길이방향 간격은 슬래브 두께의 6배와 800mm 중 작은 값을 넘지 않도록 한다.

§6.6.5.6 (2)– 측단거리(전단연결재의 외측과 플랜지 끝단 사이의 거리)를

20mm 이상으로 한다.

§6.6.5.2 (2)- 피복이 필요한 경우(내구성을 위한), 전단연결재 위로 20mm 이상으로 하거나, BS EN 1992-1-1 의 표 4.4의 5mm 이하의 철근에 대한 것을 따른다. 피복이 필요없는 경우는 전단연결재의 상부를 슬래브 표면과 같은 높이로 맞출 수 있다.

§6.6.5.7(5)- 용접의 적합성과 플랜지의 휨에 의한 전단접합 강도 감소를 피하기 위해 최소 플랜지 두께는 스터드 직경의 0.4배 이상으로 한다.

1.9 횡철근

보 축에 직교하는 슬래브 횡배근이 필요한 이유는, 콘크리트의 길이방향 균열을 유발하지 않고 전단연결재에서 슬래브로 효과적으로 힘이 전달되는 것을 보장하기 위한 것이다.

BS EN 1994-1-1의 §6.6.6.2(1)은 길이방향의 설계전단강도를 EN 1992-1-1의 §6.2.4에 따라 산정할 것을 명시하고 있다. 이 방법은 보를 지나는 하중에 대해 철근이 힘의 평형을 유지한다는 콘크리트 스트럿 이론을 사용한다. 철근의 인장력은 길이방향 전단연결재에서 슬래브로 1:2에서 1:1의 각도로 힘이 분산된다고 가정하여 산정한다. 그러므로 횡배근량은 전단연결재의 개수 및 전단연결재의 강도와 직접적으로 관련된다. 발현되는 힘의 상한값은 전단연결재 앞쪽의 콘크리트 블록의 압축강도에 따라 정해진다. BS EN 1994-1-1의 §6.6.6.3(1)은 최소 횡철근 배근량을 BS EN 1992-1-1의 §9.2.2(5)를 따를 것을 규정하고 있다.

단순지지로 설계된 연속 합성슬래브에 대해 BS EN 1994-1-1의 §9.8.1(2) 는 비지지 시공된 경우 슬래브 토핑 단면적의 0.2%를 최소철근비로 요구한다. 다음의 경우 보를 횡으로 지나는 배근량을 증가시켜야 한다:

- 동바리 지지에 의해 시공된 경우 (§9.8.1(2)에 따라 슬래브 토핑의 0.4%를 권장 최소철근비로 한다)
- 큰보의 전단력이 큰 부위
- 60분 이상의 내화시간이 요구되는 부위
- 슬래브에 큰 국부하중이 작용하는 부위
- 긴 개구부에서 슬래브 국부균열이 예상되는 부위

CHAPTER 02

웨브개구부의 설계 원칙

2.1 일반사항

크거나 좁은 간격의 웨브개구부가 합성보의 거동에 미치는 영향은 매우 복잡하다. 많은 요인들이 파괴에 영향을 미친다:

- 개구부가 위치하는 곳에 작용하는 주된 응력이 전단력인가 모멘트인가.
- 작용하중이 등분포하중인가 집중하중인가.
- 원형, 사각형, 타원형 등 개구부의 형상.
- 단면에서 개구부의 위치.
- 개구부 간격(개구부 사이의 웨브포스트에서 상호작용이 일어날 수 있다).
- 강재단면의 비대칭성(상하 플랜지의 면적비 관련).
- 개구부 슬래브에 작용하는 길이방향 전단력.
- 웨브의 폭두께 비(좌굴강도에 영향을 미침).

개구부에서의 전단력은 비렌딜(Vierendeel)휨(즉, 네 모서리 휨)에 의해 전달된다. 합성보에서 비렌딜휨 강도는 상부 T단면(웨브-플랜지 단면)과 슬래브의 국부적인 합성거동으로 증가한다(T단면의 국부 휨저항이 2~3배 증가). 이러한 국부 합성거동은 유사한 비합성 강재보에 비해 대형 개구부 설계를 가능하게 한다.

본서의 설계법은 BS EN 1993-1-1[36] 및 BS EN 1994-1-1[47] 과 부합하는 제1원리(first principle)에 의한 해석에 바탕한다. 본서의 설계법은 유한요소해석과 주요 실물대 보 실험결과[23]를 캘리브레이션하여 검증하였다.

개구부 유무에 관계없이 보는 시공과정을 포함하여 극한 한계상태와 사용성 한계상태의 요구조건을 충족시켜야 한다. 큰 웨브개구부가 있는 경우는 국부설계에 대한 별도의 검토가 필요하다: 이 별도 고려사항을 본서에서 기술하였다.

2.2 개구부가 없는 합성보 설계

개구부가 없는 단순합성보는 다음을 만족하도록 설계되어야 한다:

- 최대모멘트지점의 휨강도
- 강재보와 콘크리트 슬래브간의 전단접합
- 지점의 전단강도
- 보 전체구간에서 모멘트와 전단의 조합력에 대한 강도
- 접합부와 집중하중 지점에 대한 국부강도
- 전단연결재 개수에 대한 적절한 횡배근

합성거동은 강재보와 콘크리트 슬래브간의 전단접합에 의해 발현된다. 전체 휨에 대한 저항 산정시 탄성물성 또는 소성물성의 사용여부를 결정하는 보의 단면등급에 의해 설계휨강도가 결정된다. 합성보는 일반적으로 정모멘트를 받을 때 소성중립축이 상부플랜지 내부 또는 상부플랜지 근처에 위치하기 때문에 단면등급 1 또는 2로 취급한다. 휨강도는 보와 함께 거동하는 유효슬래브폭과 전단연결정도의 영향도 받는다.

전단접합은 완전합성 또는 부분전단접합으로 구분된다. 완전합성의 경우, 합성단면의 소성휨강도가 최대모멘트지점에서 발현된다. 부분전단접합의 경우, 전단연결정도가 1.8절의 내용과 같이 BS EN 1994-1-1[7] 의 제한조건을 만족시켜야 한다. 전단연결재는 보 전체구간에서 휨강도를 만족시키도록 분산배치해야 한다

사용성 한계상태에서는 다음 사항을 검토해야 한다:

· 적재하중과 기타하중에 의한 합성보의 처짐.

· 강재보와 콘크리트의 자중에 의한 처짐을 포함한 총처짐 (시공단계에서 비지지되는 경우).

· SCI P354[24]에 의해 산정한 바닥진동성능 측정

2.3 대형 개구부를 갖는 보의 설계

큰 웨브개구부나 개구부 주변부에서 발생할 수 있는 다양한 파괴모드는 그림 2.1과 같다. 일부 파괴모드는 단일 개구부 주위의 국부효과에 의하며, 일부는 좁은 간격의 개구부 사이에 있는 웨브포스트의 파괴에 의해 발생한다.

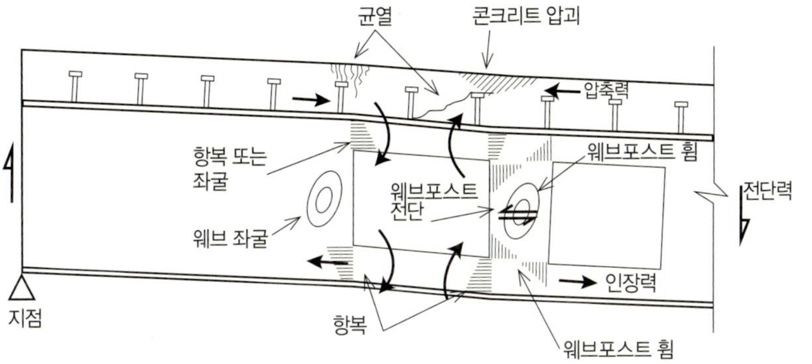

【그림 2.1】 좁은 간격의 대형 개구부 주위의 파괴모드

주 파괴모드는 다음과 같다:

· 전체적 휨 파괴(개구부 위치의 합성거동에 좌우됨)

· 수직 전단(감소강재단면에 좌우됨).

· 국부 비렌딜휨(개구부를 지나는 전단에 좌우됨).

· 웨브포스트 수평전단 (좁은 간격의 개구부에 주로 해당됨).

· 웨브포스트 휨(좁은 간격의 직사각형 개구부에 주로 해당됨).

· 웨브포스트 좌굴(웨브포스트의 폭두께 비와 인접 개구부 사이 웨브포스트의 전단강도에 좌우됨).

· 전단 좌굴(세장한 웨브에 주로 해당됨).

전단과 휨에 의한 변형이 유발하는 국부변형 역시 대형 개구부에서는 상당할 수 있으므로, 사용성 평가와 비렌딜휨 검토에서 함께 고려해야 한다.

2.4 설계모델

본서의 설계규정은 직사각형, 원형, 타원형의 개구부가 있으며 웨브의 두께가 일정한 보를 대상으로 한다. 규정은 다른 개구부와 인접한 개구부를 대상으로 하며, 셀룰러보와 같이 일정한 간격으로 배치된 개구부가 있는 보에도 적용할 수 있다.

합성보 내에 배치된 비보강된 개구부의 종류별 형상은 그림 2.2와 같다. 기본적인 기하학적 변수를 그림에 표기하였다. 개구부 중심선의 편심정도는 웨브 중심선을 기준으로 정의한다(위쪽을 양의 값으로 한다).

설계모델은 웨브에 직사각형 개구부가 있는 모델이며, 원형이나 타원형 개구부는 등가의 직사각형 개구부를 사용하였다. 등가 개구부의 깊이와 수직위치는 개구부 원래의 값과 동일하지만, 비렌딜거동의 산정과 국부좌굴을 검토할 때는 유효길이를 사용한다. 개구부의 유효길이는 3.1절을 따른다.

개구부가 특정하중과 보의 특정위치에서 탄성상태에 존재할 수도 있지만, 설계모델은 단면등급에 따라 탄성 또는 소성강도 발현을 기반으로 한다.

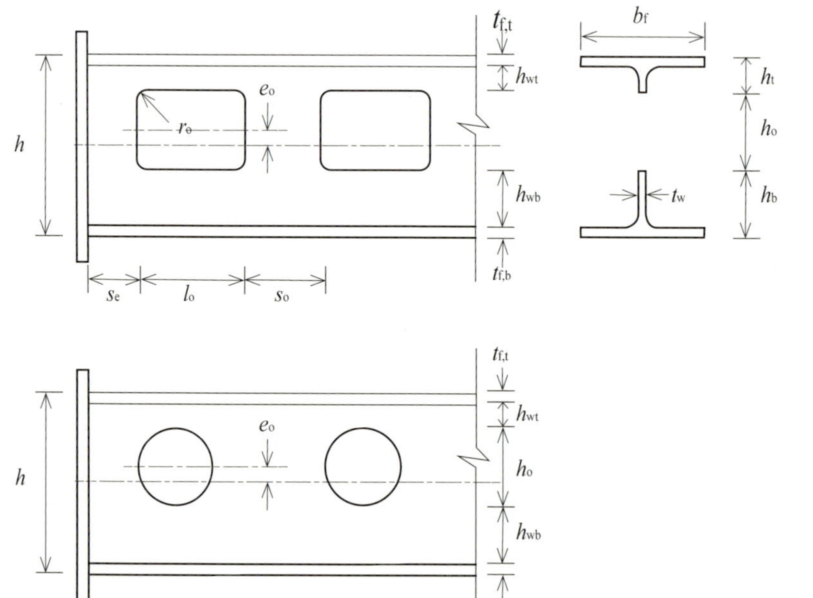

【그림 2.2】 다양한 형태를 갖는 개구부의 형상

3장에서는 웨브의 중심에 개구부가 위치한 일반적인 경우에 대해 극한 한계상태에서의 설계강도를 다룬다. 비대칭 개구부의 경우는 4장에서, 상하부가 보강된 긴 개구부의 경우는 5장에서, 사용성 한계상태 설계는 6장에서 다룬다. 특수 사례의 설계강도는 7장에서 다룬다.

2.5 설계모델의 기본 가정

큰 웨브개구부 주위의 내부응력 분포는 매우 복잡하여 실무설계에서는 다음과 같이 가정하여 단순화시킨다:

·보가 등분포하중을 받을 경우 개구부상의 국부하중을 고려하여, 수직전단력을 전단력이 큰 쪽에서 산정한다. 집중하중을 받을 경우 개구부 구간의 전단력은 일정하다.

·개구부의 중심선에 설계 모멘트가 작용할 때를 기준으로 하부 T단면의 인장력을 산정한다. 이러한 방법은 소성응력 재분배에 의해 T단면의 휨모멘트가 영이 되는 위치가 개구부에서 작은 모멘트를 받는 쪽으로 이동하기 때문에 모든 경우에 대해 보수적이다.

·하부 T단면의 인장력을 계산할 때의 적합조건에서, 슬래브의 압축력은 개구부 중심선상까지 배치된 전단연결재의 개수를 기준으로 산정한다.

·개구부 중심선상에서 합성단면의 휨강도를 산정한 후 T단면의 휨강도에 슬래브와 합성거동하는 상부 T단면의 국부합성거동 성분을 더하여 개구부상의 휨내력 증가분을 구한다.

·웨브-플랜지 T단면의 탄성 또는 소성 휨강도는 단면등급에 의해 결정되며, 위의 방법으로 계산한 전단력과 축력이 함께 작용할 경우 휨강도는 감소한다.

·개구부의 슬래브는 비교적 작은 수직전단력을 받으며, 이 수직전단력은 펀칭전단력과 전단연결재의 인발력에 의해 제한된다.

·개구부에 작용하는 수직 전단력은 주로 상부 T단면이 부담하며, 하부 T단면은 설계 모멘트에 의한 인장력을 부담한다. 초기 설계를 용이하게 하기 위해 설계전단력을 상부 T와 슬래브가 부담한다고 보수적으로 가정할 수 있다.

·국부 합성거동에 의한 비렌딜휨강도는 개구부 단부의 전단연결재가 받는 인장력에 의해 제한된다. 이는 긴 개구부의 전단연결재에 의한 설계강도 감소를 통해 고려될 수 있다.

·개구부 사이의 웨브포스트가 받는 힘은 인접한 개구부의 중심선 사이의 힘의 차이를 바탕으로 발생한다. 웨브포스트 좌굴 모델은 길이방향의 전단력과 보 깊이 내의 웨브포스트 비대칭으로 인해 증가한 웨브포스트 모멘트와 관련된다.

2.6 개구부 위치에 관한 일반지침

합성보의 웨브에 개구부를 만들 때는 일반적으로 표 2.1의 형상제한을 따른다. 이 표의 형상제한은 본서에서 다루는 보에 대한 실무적인 제한이다. 이 제한

값을 넘는 개구부를 사용할 경우에는, 본서의 이론에 따른 적절한 계산을 통해 검증하여야 한다.

설계 초기단계에서 개구부가 합성보의 휨강도에 미치는 영향을 산정하기 위해 다음의 근사식을 사용할 수 있다.

$M_{o,Rd} = M_{Rd}\,(1 - 0.35\,h_o/h)$ 비보강된 개구부일 때

$M_{o,Rd} = M_{Rd}\,(1 - 0.2\,h_o/h)$ 수직보강된 개구부일 때

여기서

M_{Rd}	개구부가 없는 합성보의 휨강도
$M_{o,Rd}$	개구부의 합성보 휨강도
h_o	개구부 깊이
h	강재보의 춤

2.7 대형 개구부를 갖는 비합성보 설계

대형 개구부를 갖는 비합성보 설계는 슬래브 기여분을 제외하는 것 외에는 본서의 합성보 설계와 동일하게 설계한다. 비합성보 설계의 주된 차이점은 상부 T단면이 전체 휨에 의한 압축력을 받기 때문에(합성보에서는 슬래브가 압축력의 대부분 또는 전부를 부담한다) 상부 T단면의 비렌딜휨과 전단에 대한 효율이 떨어진다는 것이다.

시공단계에서 비지지된 합성보는 시공단계에서 비합성보로 검토한다.

【표 2.1】 웨브개구부가 있는 보의 실무적 측면의 형상제한

변수	제한값 원형 개구부	제한값 직사각형 개구부	제한값에 대한 부연설명
개구부의 최대 깊이	$\le 0.8h$	$\le 0.7h$	경험상의 경제적인 설계를 위한 실용적인 제한값임. 이 값은 아래의 다른 치수제한과 일관성을 지닌다.
T단면의 최소 깊이	$\ge t_f + 30$ mm	$\ge 0.1h$	1992의 Annex N 초안에 의한 실무 제한값
상부 T단면의 최소 깊이	상동	상동 비보강된 경우는 $\ge 0.1\ell_o$	시공단계에서 국부변형과 상부 T단면의 안정성을 제한하기 위함
T단면의 최대깊이비 h_b/h_t h_b/h_t	 ≤ 3 ≥ 0.5	 ≤ 2 ≥ 1	개구부 위치의 비대칭성은 웨브포스트 모멘트를 유발할 수 있다. 웨브의 위쪽으로 치우친 개구부가 더 바람직.
비보강된 개구부의 최대길이, ℓ_o	– –	$\le 1.5\ h_o$ 전단이 큰 부분* $\le 2.5\ h_o$ 전단이 작은 부분	변장비 ℓ_o/h_o제한은 개구부의 변형과 전단연결재의 인장력을 제한한다. 큰 전단력을 받는 부분은 좀 더 엄격한 제한이 요구된다
보강된 개구부의 최대길이, ℓ_o	– –	$\le 2.5\ h_o$ 전단이 큰 부분* $\le 4\ h_o$ 전단이 작은 부분	
웨브포스트의 최소 폭 – 전단이 작은 부분 – 전단이 큰 부분*	 $\ge 0.3\ h_o$ $\ge 0.4\ h_o$	 $\ge 0.5\ h_o$ $\ge \ell_o$	웨브포스트 설계는 추가의 검토가 필요하다. 큰 전단력을 받는 부분은 엄격한 제한이 요구된다.
직사각형 개구부의 모서리 반경	–	$r_o \ge 2t_w$ 하지만 $r_o \ge 15$ mm	개구부 모서리에 미리 천공된 구멍은 과도한 절삭을 막고 T단면의 국부소성강도 감소를 방지한다.
단부포스트의 최소 폭	$\ge 0.5\ h_o$	$\ge \ell_o$ 이고 $\ge h$	웨브포스트의 최소폭은 단부접합의 형식과 전단연결재가 받는 힘에 의해 결정된다.
하중점과의 최소 수평거리			가까운 개구부변에서부터 집중하중까지의 거리.
–비보강된 개구부 –보강된 개구부	$\ge 0.5\ h$ $\ge 0.25\ h_o$	$\ge h$ $\ge 0.5\ h_o$	집중하중 위치에서 웨브좌굴에 대해 별도 확인해야 한다.

* 보의 최대 설계전단력의 절반을 상회하는 전단력을 받는 부분을 전단이 큰 부분이라 한다.

CHAPTER 03 비보강된 개구부를 갖는 보의 설계강도

이 장에서는 비보강된 개구부가 있는 보의 극한 한계상태에서의 국부강도 산정을 다룬다. 이 장에서는 개구부가 웨브의 중심에 위치하는 것으로 가정하며 개구부의 편심효과는 4장에서 보강된 개구부는 5장에서 다룬다.

3.1절부터 3.4절은 독립 개구부의 영향과 강도를 다룬다; 3.5절은 개구부 사이 웨브포스트의 영향과 강도를 3.6절은 비보강된 개구부 인접 웨브포스트의 전단 좌굴강도의 감소를 다룬다.

3.1 개구부 설계 영향

직사각형 개구부

단일 직사각형 개구부가 있는 합성보의 개구부 주위의 설계 응력과 모멘트는 그림 3.1과 같다. 정모멘트를 받을 때, 하부 T단면은 개구부 폭에 대해 일정한 크기의 인장력을 받는다. 이 인장력은 콘크리트와 상부 T단면에 작용하는 압축력과 힘의 평형을 이룬다. 이때 콘크리트의 압축력은 슬래브와 T단면의 비율에 따라 결정된다. 일반적으로 상부 T단면은 인장력을 받지 않는 것으로 가정한다(상부 T단면이 인장을 받으려면 하부 T단면에 과도한 소성변형이 발휘되어야 함).

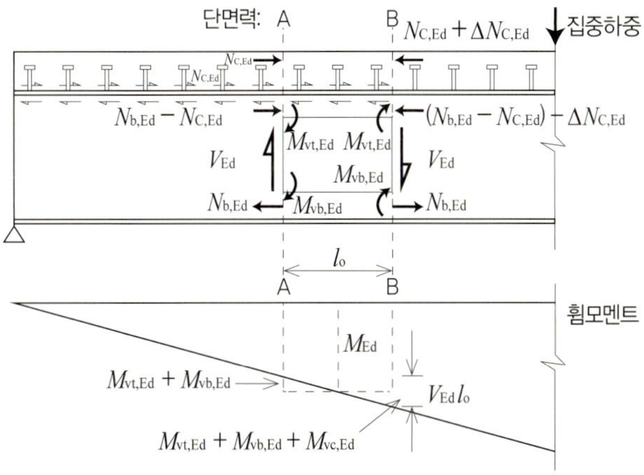

【그림 3.1】 단일 개구부의 힘의 평형

콘크리트의 압축력은 보 상부 플랜지에 용접된 전단연결재를 통해 발현된다. 전단연결재는 대개 보를 따라 일정간격으로 배치되거나, 집중하중을 받는 경우는 전단력에 따라 일정간격의 그룹으로 배치된다. 일부 경우, 보에서 슬래브로의 힘 전달이 전단연결재의 개수에 따라 제한된다; 이러한 경우를 부분전단접합이라 한다(1.8절 참조)

설계전단력에 의한 개구부의 휨모멘트 변화는 '비렌딜 거동'을 유발하여 개구부의 네 모서리부 T단면의 국부휨을 일으킨다. 상부 T단면은 비렌딜휨에 대해 슬래브와의 국부 합성거동으로 저항한다.

전체 휨저항은 개구부 중심에서 검토한다. 개구부 중심에서는 비렌딜 모멘트를 영으로 가정하므로, 하부 T단면의 축력은 그 위치의 휨모멘트로부터 산정한다. 실제로 국부합성거동에 의한 비렌딜휨 저항이 크고 소성 응력재분배가 일어날 경우, 비렌딜 모멘트가 항상 영이 되지는 않고 개구부에서 작은 모멘트를 받는 쪽으로 이동한다. 하지만 이러한 단순가정으로 해석이 용이해지고 휨 저항이 보수적으로 평가된다.

내부응력의 분포

극한 한계상태에서 파괴는 높은 전단과 낮은 모멘트를 받는 구간 주위의 소성힌지 생성 또는 낮은 전단과 높은 모멘트를 받는 구간의 하부 T단면 인장항복으로 일어난다. 각 T단면은 축력, 휨, 전단의 조합력을 받으며, 이러한 조합력은 소성화를 유발시켜 개구부 주변의 비렌딜휨의 재분배를 가능케 한다. 이러한 거동으로 인해 국부 설계하중을 정확히 해석하는 것이 매우 복잡하므로 적절한 단순화가 필요하다.

그러므로 개구부의 내력 분포는 다음의 단순화 가정을 적용하여 결정한다:

·T단면과 콘크리트의 축력은 모든 하중에 대해 소성해석 이론의 직사각형 응력블록을 적용하여 구한다.

·슬래브의 압축력은 지점부터 개구부 중심까지의 전단접합으로부터 구한다.

·개구부의 수직전단은 개구부의 국부 합성거동에 의한 콘크리트 슬래브와 상하부 T단면에 의해 지지된다.

·개구부의 슬래브가 받는 전단력은 펀칭전단 강도로부터 구한다.

·T단면 사이의 전단분포는 비렌딜휨에 대한 강도로부터 구한다. 국부 합성거동은 상부 T단면의 비렌딜휨 강도를 증가시킨다. 보수적으로 대형 개구부에서는 하부 T단면의 전단강도를 무시할 수 있다.

전단과 휨 조합력의 최소값

비렌딜휨 효과를 산정할 때 사용되는 설계전단력 V_{Ed} 는 시공단계와 사용과정에서 불균등하중을 받을 가능성을 고려해야 한다. 따라서 모든 개구부에 표 3.1의 전단력과 동시에 존재하는 휨모멘트의 최소 설계하중조합을 사용할 것을 권장한다.

【표 3.1】 개구부의 최소 설계하중조합

조건	전단력	휨모멘트
시공단계(강재단면)	0.25 $V_{Ed,max}$	0.75 $M_{Ed,max}$
합성조건	0.15 $V_{Ed,max}$	0.85 $M_{Ed,max}$

$V_{Ed,max}$ 관련 설계조건에서 지점의 최대전단력

$M_{Ed,max}$ 관련 설계조건에서 보 경간의 최대모멘트

원형 및 타원형 개구부

일반적으로, 원형 및 타원형 개구부는 직사각형 개구부와 동일하게 비렌딜 거동에 의해 개구부를 지나 힘이 전달되는 것으로 간주한다. 비렌딜휨을 고려할 때, 다음의 등가 직사각형 개구부의 유효길이를 사용한다:

$$\ell_e = 0.45h_o \qquad \text{원형 개구부의 경우}$$

$$\ell_e = \ell_o - 0.55h_o \qquad \text{타원형 개구부의 경우} \tag{4}$$

여기서

ℓ_o 타원형 개구부의 길이

h_o 원형 개구부 또는 타원형 개구부 단부의 직경

원형 개구부에서 T단면의 비렌딜휨 강도를 산정할 때, 등가 직사각형 개구부의 유효높이는 $0.9h_o$ 로 한다.

원형 개구부의 유효길이와 유효높이는 비합성보의 원형 개구부에 관한 연구를 통해 검증되었다[25]. 타원형 개구부의 유효길이는 원형 개구부의 유효길이에 개구부 양단 반원 사이의 거리를 더한 것과 같다.

3.2 개구부의 휨강도

합성보 단면의 휨강도는 개구부 중심에서 검토하며, 이 휨강도 검토로부터 하부 T단면의 인장력(웨브포스트와 개구부의 휨강도에 영향을 준다–세부내용은 3.5절 참조)도 결정된다.

상부 T단면의 단면등급에 영향을 받으며 부분전단접합에 의해 휨강도가 제한되기도 하지만, 일반적으로 개구부 단면의 소성 휨강도를 사용할 수 있다. 단면은 BS EN 1993-1-1[6]에 따라 등급된다. 등급 1, 2 단면은 소성 휨강도를 사용할 수 있으며 등급 3, 4 단면은 탄성 휨강도만을 사용할 수 있다.

단면등급

개구부가 없는 합성보에서 소성중립축은 보통 강재단면 상부 플랜지 또는 상부 플랜지보다 위쪽에 위치한다; 하부 플랜지에 비해 상부 플랜지가 매우 작은 조립단면에서만 중립축이 웨브에 위치한다. 개구부가 있는 경우는 소성중립축이 개구부가 없는 경우보다 더 위에 위치하기 때문에 개구부가 있는 경우에도 소성중립축은 상부 플랜지 또는 상부 플랜지보다 위쪽에 위치한다. 따라서 개구부가 있는 합성단면은 일반적으로 단면등급 1, 2 단면이 사용될 것이다. 비대칭 단면의 소성중립축이 상부 T단면의 웨브에 있을 경우 상부 플랜지와 슬래브가 적절

하게 연결되어 있다면 단면형태가 등급 3이라 해도 압축을 받는 상부 플랜지를 단면등급 2 이상으로 한다; 단 전단연결재가 플랜지 폭 양방향으로(즉, 전단연결재를 보 중심선을 따라 일렬로 배치하는 것은 효과적이지 못함) BS EN 1994-1-1 §6.6.5의 제한값을 만족하는 간격으로 적절히 배치되어야 한다.

하부 T단면의 국부 비렌딜 거동은 개구부 한쪽 단부 T단면에 순 압축력을 유발할 수도 있지만, 전체 보 단면의 등급에는 고려하지 않는다.

휨강도를 결정하는 내부응력의 평형

개구부 중심선의 소성 휨강도를 결정할 때 T단면과 슬래브가 받는 힘은 평형을 이루어야 한다. 소성중립축이 슬래브에 있는 경우와 상부 T단면에 있는 두가지 경우가 가능하다. 두 가지 경우는 그림 3.2와 같으며 각각에 대해 아래에서 논의한다.

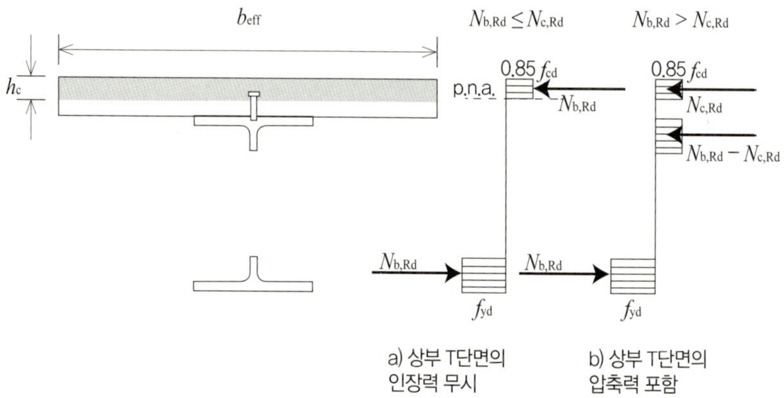

【그림 3.2】 개구부가 있는 합성보의 소성응력블럭

경우 1: $N_{c,Rd} > N_{bT,Rd}$ (소성중립축이 슬래브에 위치)

경우 1은 슬래브 유효폭의 전체 깊이에 대한 압축강도가 하부 T단면의 인장강도보다 큰 경우로 소성중립축이 슬래브 깊이 내에 위치하며, 소성중립축 상부의 콘크리트는 $0.85f_{cd}$ (f_{cd} 는 EN 1994-1-1에서 정의됨)를 발현하는 것으로 본다.

하부 T단면의 인장강도는 다음과 같다:

$$N_{bT,Rd} = \frac{A_{bT}f_y}{\gamma_{M0}} \tag{5}$$

여기서

A_{bT}	하부 T단면의 단면적
f_y	강재의 설계 항복강도

개구부의 슬래브 전체 두께의 압축강도는 슬래브유효폭의 압축강도 및 개구부 중심선과 보단부 사이의 전단강도 가운데 작은 값이다. 보에 직교하는 리브를 갖는 프로파일 데크를 갖는 보의 강도는 다음과 같다:

$$N_{c,Rd} = \min\{0.85 f_{cd} b_{eff,o} h_c ; n_{sc} P_{Rd}\} \tag{6}$$

여기서

f_{cd}	콘크리트의 설계강도($= f_{ck}/\gamma_C$ f_{ck} 와 γ_C 는 BS EN 1992-1-1 과 국가 부속규정의 정의를 따른다)
$b_{eff,o}$	개구부의 유효슬래브폭, 3.2절의 정의를 따른다
h_c	콘크리트 토핑의 깊이 ($h_c = h_s - h_d$)
h_s	슬래브 깊이
h_d	데크 프로파일의 전체 깊이
n_{sc}	근접 지점에서 개구부 중심선 사이의 전단연결재 개수 (3.2절 참조)
P_{Rd}	프로파일쉬트에 사용된 전단연결재의 설계강도(즉, 1.6절의 k_t 또는 k_l 을 곱한 P_{Rd})

소성 휨강도는 다음과 같다:

$$M_{o,Rd} = N_{bT,Rd}(h_{eff} + z_t + h_s - 0.5z_c) \tag{7}$$

여기서

h_{eff}	상하부 T단면 중심 사이의 유효보깊이
z_t	상부 T단면의 중심과 플랜지 바깥면 사이의 깊이
z_c	압축을 받는 콘크리트의 깊이로 다음과 같다:

$$z_c = \frac{N_{c,Rd}}{0.85 f_{cd} b_{eff,o}} \le h_c$$

이 모델에 의할 때 설계모멘트 M_{Ed}에 대한 하부 T단면의 축력은 다음과 같다:

$$N_{bT,Ed} = \frac{M_{Ed}}{(h_{eff} + z_t + h_s - 0.5z_c)} \quad (8)$$

간략식에서는 $z_c = h_c$ 로 할 수 있다.

데크와 평행한 보는 소성중립축이 콘크리트 토핑아래에 있을 경우 위의 식을 적절히 수정하여야 한다.

경우 2: $N_{c,Rd} < N_{bT,Rd}$ (소성중립축이 상부 T단면내에 위치)

이 경우는 슬래브유효폭의 전체 깊이에 대한 압축강도가 하부 T단면의 인장강도 이하로서, 상부 T단면에 압축력이 발생해야 힘이 평형을 이룬다. 하부 T단면의 인장강도와 슬래브의 압축강도의 차이에 해당하는 힘(즉, $N_{bT,Rd} - N_{c,Rd}$)을 상부 T단면이 균일한 압축력으로 받는다고 보수적으로 가정한다.

여기서
$N_{bT,Rd}$ 는 식 (5), $N_{c,Rd}$ 는 식 (6)과 같다

이와 같이 가정할 때, 소성 휨강도는 다음과 같다

$$M_{o,Rd} = N_{bT,Rd} h_{eff} + N_{c,Rd}(z_t + h_s - 0.5h_c) \quad (9)$$

여기서
h_{eff}, z_t, h_s 와 h_c 는 앞의 정의를 따른다

비대칭정도가 큰 단면은 상부 T단면의 압축강도가 적절한지 다음과 같이 검토하여야 한다:

$$\frac{A_{tT} f_y}{\gamma_{M0}} \geq N_{bT,Rd} - N_{c,Rd}$$

여기서
A_{tT} 상부 T의 단면적

이 경우 하부 T단면이 받는 힘은 식 (8)에 의할 수 있으며, $N_{bT,Ed} > N_{c,Rd}$ 가 아니라면 다음과 같이 주어진다:

$$N_{bT,Ed} = \frac{M_{Ed} - N_{c,Rd}(z_t + h_s - 0.5h_c)}{h_{eff}} \tag{10}$$

여기서

$N_{c,Rd}$ 는 식 (6)과 같다

보와 평행한 데크를 갖는 보는 위의 식에서 슬래브 전체깊이의 콘크리트의 면적을 반영하여 수정한다.

개구부의 유효슬래브폭

지점에 가까운 개구부에 대한 유효슬래브폭은 보 중앙부에서의 유효슬래브폭보다 작다. 1.7절의 내용과 같이 BS EN 1994-1-1의 §5.4.1.2(6)은 보 단부의 유효폭을 정의한다. 양쪽의 슬래브폭이 충분하고 b_0를 무시하면, 단순보의 지점으로부터 x만큼 떨어진 개구부의 유효슬래브폭은 다음과 같다:

$$b_{eff,o} = 3L_e/16 + x/4 \qquad x \le L_e/4 \text{ 인 경우} \tag{11}$$

$$b_{eff,o} = L_e/4 \qquad x > L_e/4 \text{ 인 경우}$$

여기서

L_e 유효경간

개구부의 전단접합

개구부의 휨강도는 지점에서 개구부 중심선 사이에 위치한 전단연결재의 개수로부터 계산한다. 계산된 휨강도는 비렌딜휨강도에 영향을 주는 하부 플랜지가 받는 힘을 구할 때 사용된다.

개구부의 요구 최소 전단접합은 개구부와 같은 위험단면의 적절한 휨강도의 확보에 필요한 압축강도 $N_{c,Rd}$ 를 발휘할 수 있는 정도로 한다. 등분포하중을 받는 합성보에서, 지점과 최대모멘트지점 사이의 요구 전단접합은 대개 EN 1994-1-1 에서 정의한 개구부가 없는 단면의 최소전단연결정도에 의해 만족된다. 하지만, 집중하중이 지점에서 가까운 경우 지점에서 가장 가까운 개구부의 보 휨강도가 설계를 지배할 가능성이 높다.

지점에서 가까운 곳에 대형 개구부가 있는 합성보에 적절한 합성휨강도를 확보하기 위해서는 대략 하부 T단면이 받는 인장력의 40% 이상($N_{c,Rd} \geq 0.4N_{bT,Ed}$)의 전단접합강도가 필요하다. 이는 최소전단연결정도의 기준이 아닌, 지점에 가까운 부분의 적절한 합성거동을 확보하기 위함이다. 만약 이것이 현행 최소전단연결정도 규정을 만족하지 못하면, 추가의 전단연결재를 위험단면에 설치하거나 전단연결재의 개수가 부족한 개구부의 전체휨강도를 산정할 때 합성거동을 고려하지 않아야 한다.

전단연결재의 정확한 위치를 알지 못할 경우는 전단연결재가 경간 단부 300mm 이내에 있지 않는 것으로 가정하는 것이 좋다. 이런 가정을 통해 작은보에서 가장 불리하게 데크가 배치되는 상황과 작은보의 접합부에 노치가 존재하는 상황에 대처할 수 있다.

휨강도 포락선

개구부가 없는 합성보의 휨강도 포락선은 보를 따라 선형으로 증가하여, 슬래브유효폭의 최대 압축강도나 강재의 인장강도를 발현할 수 있도록 충분하게 전단접합이 된 곳에서 최대가 된다. 개구부가 있는 보에서도 유사한 휨강도 포락선이 그려진다. 두 경우의 휨강도 포락선은 그림 3.3과 같다.

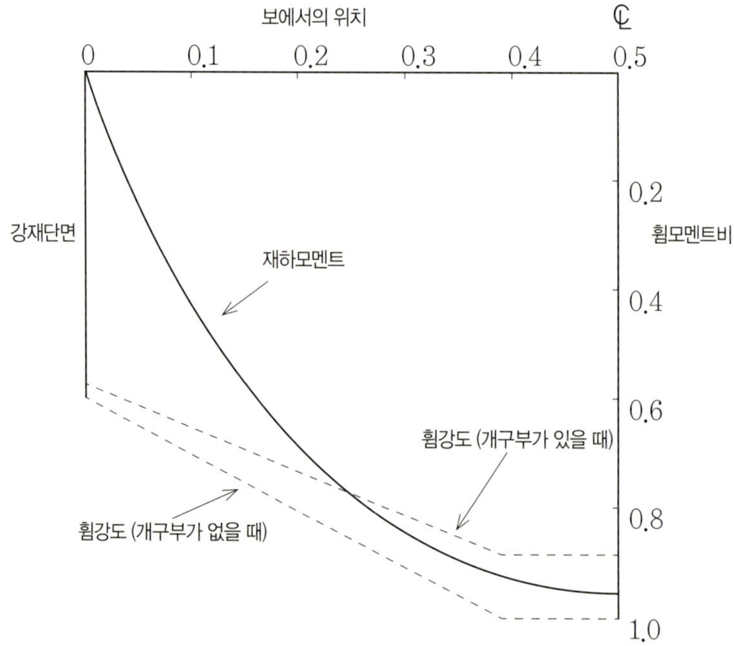

【그림 3.3】 합성보의 휨모멘트도

설계휨모멘트도는 등분포하중, 집중하중 또는 등분포하중과 집중하중의 조합에 따라 달라진다. 등분포하중을 받는 경우의 대표적인 휨모멘트도는 그림 3.3에서와 같다; 설계 모멘트를 개구부가 없는 보 중앙부의 휨강도와 비슷하게 가정하였다. 실제로는 보 중앙부의 휨강도를 개구부에 의한 휨강도 저하를 고려하여 충분히 크게 하기 때문에, 개구부의 국부영향이 지배 고려요소로 남게 된다.

3.3 전단강도

합성단면 개구부의 수직전단강도는 개구부의 전단강도($V_{pl,o,Rd}$)와 콘크리트 슬래브의 좁은 폭의 전단강도($V_{c,Rd}$)의 합이다.

강재단면의 전단강도는 대형 개구부에 의해 상당히 감소한다. 하지만, 대부분의 장경간의 보에서 전단을 받는 개구부가 없는 웨브는 활용도가 낮아서 상당한 전단능력의 감소가 허용되며, 특히 전단력이 작은 구역에서 그러하다.

합성보에서 대개 설계전단의 대부분을 상부 T단면이 받는다. 이는 상부 T단면이 슬래브와 합성거동을 하고, 하부 T단면에 비해 전체 모멘트에 의한 응력을 작게 받기 때문이다.

비개구부 웹의 세장비 h_w / t_w가 BS EN 1993-1-1 §6.2.6(6)의 기준값 $72\,\varepsilon / \eta$를 넘으면 BS EN 1993-1-5[30] §5.2를 따라 전단좌굴강도를 산정한다. 원형 오프닝 주위의 전단좌굴강도는 3.6절을 참조하라.

개구부 강재단면의 전단강도

전단강도는 개구부 강재단면의 전단면적에 대해 산정해야 한다. BS EN 1993-1-1의 §6.2.6에 의하면 단면의 설계 소성전단강도는 다음과 같다:

$$V_{pl,Rd} = \frac{A_v f_y / \sqrt{3}}{\gamma_{M0}}$$

여기서

A_v 전단면적

개구부가 없는 I형보의 전단면적은 웨브면적과 같다(엄밀한 정의는 §6.2.6을 참조하라). 하지만 개구부 단면은 두 개의 T단면으로 이루어져 있어 §6.2.6에서 압연 T단면의 유효전단면적을 다음과 같이 정의한다:

$A_v = (A - b_f t_f + (2r + t_w) \times 0.5\, t_f)$

용접 T단면의 경우:
$A_v = t_w\,(h_{w,T} - 0.5\, t_f)$

여기서

A	단면적
b_f	T단면의 전체폭
t_w	T단면 웨브의 두께
t_f	T단면 플랜지의 두께
r	T단면의 필렛반경
$h_{w,T}$	T단면의 전체높이

압연 및 용접 T단면의 전단면적은 그림 3.4와 같다.

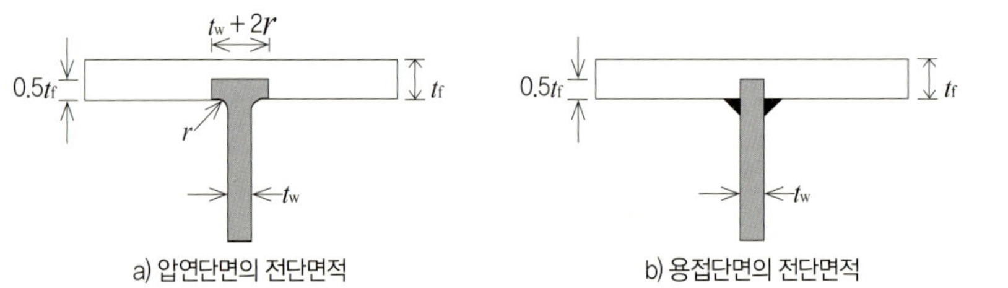

[그림 3.4] 압연 및 용접 T단면의 전단면적

개구부 단면의 소성전단강도는

$$V_{pl,Rd} = \frac{(A_{v,tT} + A_{v,bT})f_y/\sqrt{3}}{\gamma_{M0}}$$

여기서 $A_{v,tT}$ 와 $A_{v,bT}$ 는 상하부 T단면의 전단면적이다.

소성전단강도는 웨브가 전단좌굴에 취약하지 않을 때 사용한다. 전단좌굴은 일반적인 경우는 아니지만, 전단좌굴을 고려할 경우 3.6절을 참조하라.

합성보의 큰 개구부를 지나는 경우의 전단력 전달의 특성상 일반적으로 소성전단강도보다는 비렌딜휨 영향이 설계를 지배한다.

콘크리트 슬래브의 전단강도

BS EN 1994-1-1의 §6.2.2.2(1)은 보의 설계소성전단강도에 콘크리트 슬래브의 효과를 포함하는 것을 허용한다. 개구부에서 콘크리트 슬래브의 전단강도를 포함할 수 있음은 실험으로 검증되었다. 콘크리트 슬래브의 전단강도는 보 플랜지폭에 콘크리트 유효깊이의 두 배를 더한 값에 해당하는 유효슬래브폭으로 보수적으로 산정할 수 있다. 전단철근이 배근되지 않은 철근콘크리트에 대해 BS EN 1992-1-1의 §6.2.2은 다음과 같이 설계전단강도($V_{c,Rd}$ 로 표현됨)를 정한다:

$$V_{c,Rd} = [C_{Rd,c}\, k\, (100\rho_1 f_{ck})^{1/3} + k_1\sigma_{cp}]b_w d \tag{12}$$

단, 다음을 최소값으로 한다:

$$V_{c,Rd} = [v_{min} + k_1\sigma_{cp}]\, b_w d \tag{13}$$

여기서

$C_{Rd,c}$ $= 0.18/\gamma_c$ (BS EN 1992-1-1의 국가 부속규정을 따른다)

k $= 1 + \sqrt{\dfrac{200}{d}}$ 하지만 2.0이하 (d 는 mm단위)

ρ_1 $= \dfrac{A_{sl}}{b_w d}$ 하지만 0.02이하

A_{sl} 해당 단면보다 ($\ell_{bd} + d$) 이상 연장된 균열제어 메쉬의 인장철근면적.

d 사다리꼴의 합성데크에 타설된 슬래브를 받치는 보의 성능실험에 근거하여 슬래브 유효깊이는 h_c와 같게 취한다

ℓ_{bd} 인장철근의 설계정착길이

k_1 $= 0.15$ (BS EN 1992-1-1의 국가 부속규정을 따름)

σ_{cp} $= \dfrac{N_{c,Ed}}{b_{eff}h_c} < 0.2 f_{cd}$

b_w 전단에 대한 콘크리트 플랜지의 유효폭 $= b_f + 2h_{s,eff}$

b_f 상부 T단면의 플랜지폭

$h_{s,eff}$ 펀칭전단에 대한 유효슬래브깊이$\approx 0.75h_s$

v_{min} $= 0.035k^{3/2} f_{ck}^{1/2}$ (영국 국가 부속규정의 권장값)

일반적인 합성보 설계에서 σ_{cp}는 보의 지점에서 가까운 개구부에서는 무시될 수 있으나, 휨 모멘트가 큰 구역에서는 중요한 요소이다.

큰 전단력이 전체 휨강도에 미치는 영향

T단면의 큰 전단력은 휨에 대한 웨브의 성능을 감소시킨다. BS EN 1993-1-1 §6.2.8의 단순 상호작용식을 큰 전단력이 전체 휨강도에 미치는 영향을 산정할 때 사용할 수 있다. $\rho \leq 0.5$ 이면 휨강도를 감소할 필요 없다.

3.4 T단면의 휨강도

비렌딜휨은 개구부의 네 모서리에서 발생하며, 각 모서리의 응력은 개구부 단면상에서 힘의 평형을 이루어야한다; 그림 3.5는 소성강도, 그림 3.6은 탄성강도와 관련한 응력 및 힘을 나타낸다.

원형 및 타원형 개구부는 3.1절 원형 및 타원형 개구부에서 논의한 바와 같이 등가직사각형 개구부로 치환될 수 있다.

비렌딜휨 강도

비렌딜휨은 큰 개구부에서 전단력을 전달하는 수단이다. 상부 T단면과 슬래브의 합성거동 기여분과 네 모서리에서의 비렌딜휨강도의 합은 전단력에 의한 개구부 양쪽의 설계휨모멘트의 차이보다 커야 한다; 이를 식으로 표현하면 다음과 같다;

$$2M_{bT,NV,Rd} + 2M_{tT,NV,Rd} + M_{vc,Rd} \geq V_{Ed}\ell_e \qquad (14)$$

여기서

$M_{bT,NV,Rd}$ 하부 T단면의 휨강도로 동시에 작용하는 축인장력과 전단에 의해 저감된다

$M_{tT,NV,Rd}$ 상부 T단면의 휨강도로 동시에 작용하는 축인장력과 전단에 의해 저감된다

$M_{vc,Rd}$ 국부 합성 비렌딜휨강도로 3.4절의 정의를 따른다

V_{Ed} 설계수직전단력(낮은 모멘트를 받는 개구부쪽의 값으로 한다)

ℓ_e 비렌딜휨에 대한 개구부 유효길이

$M_{NV,Rd}$ 의 산정에 관한 지침은 3.4절을 참조하라.

개구부 모서리부 강재의 변형경화로 인해, 실제 비렌딜휨강도는 대개 식 (14)에서보다 크다. 하지만 변형경화 효과는 설계에서 고려치 않는다.

비렌딜휨강도는 T단면 웨브의 등급(3.4절 참조)에 따라 결정된다. 단면등급 3, 4의 웨브는 탄성휨강도만을 사용할 수 있지만, 일반적으로 T단면의 축력은 소성응력블럭에 근거하여 산정한다(3.2절 논의 참조); 탄성비렌딜휨강도를 산정할 때도, 소성응력모델로부터 산정된 축력을 사용하는 것은 보수적으로 간주된다.

T단면 웨브의 등급

T단면 웨브의 돌출부는 T단면 유효길이 $\ell_{o,eff}$ 와 돌출부 깊이 h_t 또는 h_b 에 의해 표 3.2와 같이 분류된다.

국부좌굴에 대한 이 표의 분류에서, 개구부 유효길이는 보수적으로 다음과 같이 규정한다:

$\ell_{o,eff} = \ell_o$ 직사각형 개구부의 경우

$\ell_{o,eff} = 0.7h_o$ 원형 개구부의 경우

$\ell_{o,eff} = \ell_o - 0.3h_o$ 타원형 개구부의 경우 (15)

식 (15)의 유효길이는 적어도 상하부 T단면 돌출부의 길이 일부가 압축력을 받는 조건을 고려한 것이다.

전체 휨에 의한 합성보 상부 플랜지의 압축응력이 비교적 작기 때문에, 이에 의한 상부 T단면의 축압축력은 고려할 필요가 없다.

비렌딜휨강도를 산정할 때, 플랜지가 등급 1 또는 2에 속한다면 등급 3의 웨브 깊이를 등급 2에 해당하도록 줄여 감소단면의 소성강도로부터 휨강도를 산정하는 것이 허용된다(개구부 중심부의 전체휨강도를 고려할 때 감소된 웨브 깊이를 적용할 필요는 없다).

【표 3.2】 T단면 웨브의 등급

단면등급	개구부 길이에 따른 웨브 깊이 h_w 제한값		
	$\ell_{o,eff} \le 32\varepsilon t_w$	$32\varepsilon t_w < \ell_{o,eff} \le 36\varepsilon t_w$	$\ell_{o,eff} > 36\varepsilon t_w$
2	제한 없음	$h_w \le \dfrac{10\varepsilon t_w}{\sqrt{1-\left(\dfrac{32\varepsilon t_w}{\ell_{o,eff}}\right)^2}}$	
3	제한 없음		$h_w \le \dfrac{14\varepsilon t_w}{\sqrt{1-\left(\dfrac{36\varepsilon t_w}{\ell_{o,eff}}\right)^2}}$
4	제한 없음		

h_w 는 상부 또는 하부 T단면 웨브의 깊이다

등급 4 웨브의 경우는 등급 3 웨브에 대한 h_w 의 한계값을 사용하여 유효탄성 단면성질을 산정한다.

비합성보에서는 상당한 압축력이 상부 T단면에 작용하므로 위의 분류를 적용할 수 없다. BS EN 1993-1-1의 §5.5.2의 일반적인 분류에 따라, 압축을 받는 돌출부로서 T단면의 웨브로 구분한다.

축인장력이 하부 T단면의 등급에 미치는 영향

하부 T단면의 인장력은 비보강된 T단면의 단면등급을 상향시킨다. 계산과정을 단순화 시키기 위해 보수적으로 이러한 효과를 무시하고 표 3.2의 등급을 사용할 수도 있다. 대안으로 인장에 의한 효과를 다음과 같이 반영할 수도 있다.

휨과 인장 조합력을 받는 T단면의 소성응력블럭에서 압축을 받는 웨브의 깊이가 $10\varepsilon t_w$이하일 때, 등급 3의 웨브는 등급 2로 취급할 수 있다. 이 조건은 다음과 같이 더욱 간단하게 나타낼 수 있다:

$$\frac{N_{bT,Ed}}{A_{bT} f_y / \gamma_{M0}} \ge 1 - \frac{20\varepsilon t_w^2}{A_{bT}} \tag{16}$$

여기서

$N_{bT,Ed}$ 하부 T단면의 축인장력

A_{bT} 하부 T단면의 단면적

등급 4의 웨브가 축인장을 받고 다음에 해당될 경우 등급 3으로 취급한다:

$$h_{wb} \leq \frac{14t_w\varepsilon'}{\sqrt{1-\left(\frac{36t_w\varepsilon'}{\ell_{o,eff}}\right)^2}} \qquad \ell_{o,eff} > 36t_w\varepsilon' \text{ 일때} \qquad (17)$$

여기서

ε' $= \varepsilon \Big/ \left(1 - \frac{N_{bT,Rd}}{A_b f_y / \gamma_{M0}}\right)^{0.5}$

h_{wb} 하부 T단면의 플랜지 상부 웨브의 깊이

T단면의 휨강도에 전단력이 미치는 영향

T단면에 작용하는 큰 전단력은 웨브의 효율을 떨어뜨린다. 하지만 큰 전단력의 영향을 반영하여 웨브 두께를 감소시키면 T단면의 비렌딜휨강도와 전단의 분포에 영향을 준다.

1차 근사로서 다음의 단순 상호작용식을 유효웨브두께의 산정에 사용할 수 있다.

$$t_{w,eff} = t_w\,(1-(2\mu-1)^2) \qquad \mu > 0.5 \text{ 일 때} \qquad (18)$$

$\mu \leq 0.5$에 대해서는 웨브 두께를 감소시키지 않는다.

여기서

μ 전단에서 단면의 활용도 $= V_{Ed} / V_{Rd}$

V_{Ed} 개구부의 설계전단력

V_{Rd} 비개구부 단면의 전단강도 $= V_{c,Rd} + V_{t,Rd} + V_{b,Rd}$

$V_{c,Rd}$ 콘크리트 슬래브의 전단강도(3.3절 참조)

$V_{t,Rd}$ 상부 T단면의 소성전단강도

$V_{b,Rd}$ 하부 T단면의 소성전단강도

식 (8)에 의한 $t_{w,eff}$를 상하부 T단면의 모멘트 강도 산정에 적용한다.

상하 T단면 사이의 실제 전단력 분포는 비렌딜휨강도와 관련 있으며 이는 다시 감소된 유효웨브두께에 영향을 받는다. 전단 활용도는 상하부 T단면이 다르다. 추가 논의는 3.4절에서 다룬다.

T단면의 소성휨강도

T단면이 단면등급 2의 조건을 만족할 때 소성응력블럭을 적용할 수 있다. 직사각형 개구부 주위의 소성응력블럭은 그림 3.5와 같다.

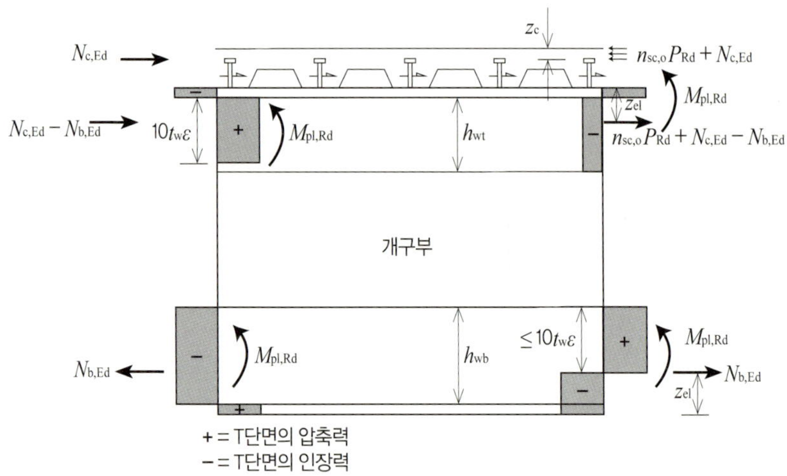

【그림 3.5】 소성비렌딜휨에 의한 개구부 주위의 응력

축력이 없는 경우의 소성휨강도

축력이 없을 때 상부 또는 하부 T단면의 소성휨강도는 소성중립축이 T단면의 플랜지에 있다고 가정하여 다음과 같이 산정한다.

$$M_{pl,Rd} = \frac{A_{w,T}f_y}{\gamma_{M0}}(0.5h_{w,T} + t_f - z_{pl}) + \frac{A_f f_y}{\gamma_{M,0}}(0.5t_f - z_{pl} + z_{pl}^2 / t_f) \quad (19)$$

여기서

z_{pl}	$= (A_f + A_{w,T}) / (2b_f)$ 소성중립축과 플랜지 최외각섬유 사이의 거리
$A_{w,T}$	$(= h_{w,T}t_w)$ T단면 웨브의 단면적
A_f	플랜지 단면적
b_f	플랜지폭
$h_{w,T}$	T단면 웨브의 깊이(h_{wb} 또는 h_{wt})
t_f	플랜지 두께

축력이 있는 경우의 소성휨강도

축력이 존재할 때 소성휨강도의 감소는 다음의 근사식으로 산정한다:

$M_{pl,N,Rd} = M_{pl,Rd}\,(1 - (N_{Ed}/N_{pl,Rd})^2)$ 등급 1, 2에 해당하는 단면의 경우 (20)

여기서

$M_{pl,N,Rd}$ 축력을 고려한 감소된 T단면의 소성강도

$N_{pl,Rd}$ T단면의 축강도(압축을 받는 T단면은 등급 3의 웨브 깊이는 등급 2의 제한값으로 감소시키고 등급 4의 웨브 깊이가 등급 3의 제한값으로 감소시킨다).

N_{Ed} 전체휨거동에 의한 T단면의 설계축력, 상부 T단면의 압축력은 $N_{tT,Ed}$, 하부 T단면의 인장력은 $N_{bT,Ed}$이다

3.2절의 경우 1(소성중립축이 슬래브에 위치)의 $N_{tT,Ed}$ 는 영이며, $N_{bT,Ed}$ 는 식 (8)에 따른다. 경우 2(소성중립축이 상부 T단면에 위치)의 $N_{bT,Ed}$ 는 식 (8) 또는 식 (10)을 따른다(3.2절 참조). 그리고 상부 T단면의 압축력은 $N_{tT,Ed} = N_{bT,Ed} - N_{c,Rd}$이다. 여기서 $N_{c,Rd}$ 는 식 (6)을 따른다.

전단에 의한 휨강도 감소

3.4절에서 논의한 바와 같이, 전단을 받는 T단면은 조합응력효과로 인해 휨강도와 축강도에 대한 유효두께를 감소시킨다. 유효두께 $t_{w,eff}$ 는 식 (18)과 같으며 사용효율 μ에 따라 달라진다. T단면 웨브의 감소된 단면적(= $h_{w,T}\ t_{w,eff}$) 을 식 (19)에 적용하고, 여기서 구한 감소된 소성휨강도를 식 (20)에 넣어 축력과 전단을 받을 때의 소성휨강도를 구한다.

하지만 T단면이 지지하는 전단력은 개구부 구간 T단면의 비렌딜휨강도에 의해 제한된다. 그러므로, 비렌딜휨강도에 부합하는 상부 T와 하부 T 사이의 전단력 분포를 결정하기 위해서는 반복과정이 필요하다. 상호작용을 평가하고 T단면 사이의 전단력 분포를 결정하는 다음의 절차가 필요하다.

상부 T단면과 하부 T단면 사이의 전단력 분포

3.4절과 같이, 상부 T단면의 μ 및 관련 유효웨브두께 $t_{w,eff}$ 를 계산할 때 보수적으로 $V_{b,Rd}$ 의 초기값을 영으로 할 수 있다. 그러면 상부 T단면의 소성휨강도 $M_{tT,NV,Rd}$ 가 결정되며, 하부 T단면의 소성휨강도 $M_{bT,NV,Rd}$ 도 동일한 활용도와 하부 T단면의 해당 전단력에 대해 다음과 같이 계산된다:

$$V_{b,Ed} = 2M_{bT,NV,Rd}/\ell_e \tag{21}$$

그리고, 상부의 합성 T단면이 받는 전단력은 $V_{t,Ed} = V_{Ed} - V_{b,Ed}$ 과 같다

비렌딜휨강도의 적절여부는 식 (14)를 사용하여 검토한다.

만약 식 (14)를 만족하지 못하면, 계산된 $V_{t,Ed}$ 와 $V_{b,Ed}$ 로부터 T단면의 활용도를 결정하여 휨강도를 재산정한다. 일반적으로 한번의 되풀이면 적절하다.

T단면의 탄성휨강도

하나 또는 상하부 T단면이 등급 3에 해당할 때 탄성설계를 사용한다(유효단면이 등급3의 한계를 만족하면 등급 4의 단면도 해당). 개구부 주위의 탄성응력은 그림 3.6과 같다. 등급 4 단면의 웨브 유효춤에 대한 한계는 순수 압축을 받는 경우의 것으로 보수적으로 택한다.

앞서 기술한 것과 같이, 상부 T단면과 슬래브의 국부합성거동은 개구부 위의 전단연결재에 의하며, 이는 T단면의 탄성휨강도에 더해진다. 이런 이유로 인해 모멘트가 영이 되는 지점은 개구부 중심선에 위치하지 않는다.

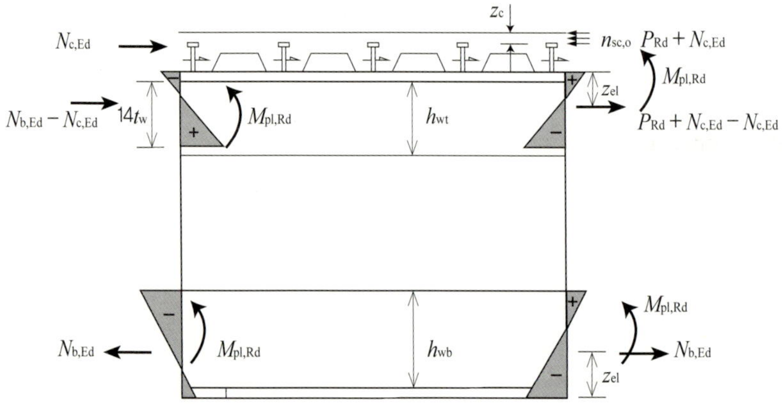

【그림 3.6】 탄성비렌딜휨에 의한 개구부 주위의 응력

축력이 없는 경우의 탄성휨강도

축력이 없을 때 상부 또는 하부 T단면의 소성휨강도는 다음과 같다:

$$M_{el,Rd} = \frac{A_{w,T} f_{yd}\,(0.5h_{w,T} + t_f - z_{el})^2 + A_f f_{yd}\,(z_{el} - 0.5t_f)^2}{h_{w,T} + t_f - z_{el}} \quad (22)$$

여기서

z_{el} T단면의 중심과 플랜지 최외측섬유 사이의 거리로 다음과 같다:

$$z_{el} = \frac{A_{w,T}\,(0.5h_{w,T} + t_f) + 0.5t_f A_f}{(A_f + A_{w,T})}$$

축력이 있는 경우의 탄성휨강도

감소된 탄성휨강도는 다음과 같다:

$$M_{el,N,Rd} = M_{el,Rd}\,(1 - (N_{T,Ed}/N_{Rd})) \quad \text{단면등급 3, 4 일 때} \quad (23)$$

여기서

$M_{el,N,Rd}$ T단면의 탄성강도(압축을 받는 웨브의 돌출부에 대해 등급 4의 웨브 깊이는 등급 3의 제한값으로 감소시켜 사용할 수있다).

N_{Rd} T단면의 축강도(압축을 받는 T단면에서 등급 3의 웨브 깊이는 등급 2의 제한값으로, 등급 4의 웨브 깊이는 등급 3의 제한값으로 감소된다).

$N_{T,Ed}$ 전체 휨거동에 의한 T단면의 설계 축압축력 또는 설계 축인장력

큰 전단력이 존재하는 경우의 탄성휨강도

전체 전단강도가 만족되면, 탄성설계에서는 전단에 의한 조합효과를 무시할 수 있다.

국부 합성거동에 의한 비렌딜강도

상부 T단면과 슬래브의 국부 합성거동에 의해 비렌딜휨강도의 기여분이 발생한다. 이러한 비렌딜휨강도의 기여분은 개구부 바로 위에 위치한 전단연결재의 개수에 의해 결정된다. 하지만 이 기여분은 개구부의 보의 유연성에도 영향을 받으므로, 긴 개구부에서 국부 합성거동이 과대 반영되는 것을 피할 수 있는 수정계수를 도입할 필요가 있다.

상부 T단면과 슬래브의 합성거동에 의한 휨강도는 보수적으로 다음과 같다:

$$M_{vc,Rd} = \Delta N_{c,Rd}\,(h_s + z_t - 0.5\,h_c)\,k_o \quad (24)$$

여기서

$\Delta N_{c,Rd}$	개구부 위의 전단연결재에 의해 발현되는 압축력(= $n_{sc,o} P_{Rd}$)
$n_{sc,o}$	개구부 위의 전단연결재의 개수
P_{Rd}	프로파일쉬트와 함께 사용된 전단연결재의 설계강도(즉, 1.6절의 k_t 또는 k_l 을 곱한 P_{Rd})
h_s	슬래브의 전체 깊이.
z_t	플랜지 바깥면부터 상부 T단면 의 중심까지의 깊이(근사값으로 상부플랜지두께로 한다).
h_c	데크프로파일 위의 콘크리트 두께
k_o	개구부 가장자리에서의 전단과 인장 조합력과 2차효과를 고려한 개구부의 유연성에 의한 감소계수, k_0 은 식 (25)와 같다.

원형 개구부에서 $n_{sc,o}$ 는 개구부 유효길이 ℓ_e (= $0.45h_0$)에 대해 계산한다. 하지만 개구부에서 전단연결재의 정확한 위치를 보장할 수 없고 개구부의 영향을 받는 구역이 개구부 주위까지 확장되므로, ℓ_e 를 스터드 간격으로 나눈 정확한 값으로 $n_{sc,o}$ 를 산정한다(정수 대신에).

강재 T단면의 비렌딜휨강도만으로 적절할 경우에는 보수적으로 개구부의 합성거동을 무시한다. 원형 개구부가 종종 이에 해당된다- 부록 A의 적용예제를 참조하라.

상부 T단면에서 합성거동에 의한 추가 축력의 영향은 식 (23)에서 무시할 수 있다.

독립된 대형 개구부에서는 슬래브 압축력 N_c 의 작용선 변화에 의한 비렌딜휨의 추가성분이 발생한다. 이는 독립된 대형 개구부에서는 중요한 요소지만, 좁은 간격의 개구부에서는 무시한다. 이에 더해, 이러한 효과로 인해 전단연결재에 큰 인장력이 국부적으로 작용하고, 이 인장력은 개구부 간격이 좁을수록 커진다(다음절 참조).

긴 개구부 영향

긴 개구부에서, 개구부의 과도한 변형을 감안해서 합성거동에 의한 국부비렌딜강도에 감소계수를 적용해야 한다. 이 계수는 전단연결재에 작용하는 인장력, 콘크리트 균열과 전단파괴를 피하기 위한 개구부 상대변위의 제어의 필요성 때문에 도입된 것이다. 식 (24)에 사용되는 비보강된 개구부의 감소계수 k_o는 보수적으로 다음과 같이 산정한다:

$$k_o = \left(1 - \frac{\ell_o}{25h_t}\right) \tag{25}$$

여기서

h_t 상부 T단면의 깊이

$\ell_o \leq 5h_t$ 일 때는 1.0으로 한다.

대체방법–전단연결재에 작용하는 인장력의 영향

식 (25)보다 정확한(하지만 좀 더 복잡함) 대안으로, 개구부 길이로 결정되는 전단연결재에 작용하는 인장력으로부터 식 (24)의 감소계수 k_o를 산정할 수 있다. 전단연결재에 작용하는 인장력은 지점에서 가장 먼 개구부 단부에 작용하며 슬래브에 작용하는 전단력과 비슷한 크기이다.

국부 비렌딜휨에 의해 전단연결재에 작용하는 인장력은 개구부 가장자리의 전단연결재에 작용하는 것으로 고려할 수 있다. 비렌딜 모멘트가 최대로 발현될 때의 인장력은 다음과 같다:

$$F_{ten,max} = M_{vc}, / n\ell_o \tag{26}$$

여기서

$F_{ten,max}$ 비렌딜휨 모멘트 M_{vc}가 작용할 때 각 전단연결재(또는 리브당 두 개의 전단연결재)에 발현되는 설계인장력

M_{vc} 합성거동에 의한 비렌딜휨 모멘트, $k_o = 1.0$일 때 식 (24)의 휨강도와 같다.

n 리브당 전단연결재의 개수(= 1 또는 2)

전단연결재의 인발력은 $0.85P_{Rd}$로 한다. 이는 합성거동에 의해 발현되는 비렌딜휨강도의 상한값(upper bound)에 대응하는 것이다. 다른 경우로서 스터드 연결재에 작용하는 인장력은 설계전단강도를 감소시킬 것이다. 전단연결재의 전단력 P_{Ed} 와 인장력 F_{ten} 의 상호작용은 Johnson 과 Buckby[28]의 제한 상호곡선에 의해 다음 식으로 제한된다.

$$\left(\frac{F_{\text{ten}}}{0.85P_{\text{Rd}}}\right)^{5/3}+\left(\frac{P_{\text{Ed}}}{P_{\text{Rd}}}\right)^{5/3}\leq 1.0 \tag{27}$$

여기서

F_{ten} 전단연결재의 설계인장력

P_{Ed} 전단연결재의 설계전단력

P_{Rd} 프로파일쉬트와 함께 사용된 전단연결재의 설계강도(즉, 1.6절의 k_t 또는 k_l 을 곱한 P_{Rd}

극단적인 경우 $F_{\text{ten}}=k_o F_{\text{ten,max}}$, $P_{\text{Ed}}=k_o P_{\text{Rd}}$ 이므로 k_o 는 다음과 같다:

$$k_o=\left[\left(\frac{F_{\text{ten,max}}}{0.85P_{\text{Rd}}}\right)^{5/3}+1\right]^{-1}\leq 1.0 \tag{28}$$

BS EN 1994-1-1의 §6.6.3.2(2)에 따르면, $F_{\text{ten}}\leq 0.1P_{\text{Rd}}$이면 인장력이 전단강도에 미치는 영향을 무시할 수 있다.

감소계수 k_o 를 위 식을 사용해 표 3.3과 같이 제한값으로 설정할 수 있다. 일반적으로 이 값을 사용하는 것이 식 (25)보다 덜 보수적이다.

[표 3.3] 전단연결재가 받는 인장력에 따른 감소계수 k_o

전단연결재가 받는 인장력 $F_{\text{ten,max}}/P_{\text{Rd}}$	감소계수 k_o
0.1	1.0
0.2	0.92
0.3	0.85
0.4	0.78
0.5	0.71
0.6	0.64
0.7	0.58
0.8	0.53
0.9	0.48
1.0	0.43

3.5 개구부 사이의 웨브포스트

Design forces in web-posts

인접 개구부 사이의 웨브포스트는 다음의 이유로 큰 응력을 받는다:

· 최소 폭이 받는 수평 전단력
· 수직전단력의 전달에 의한 압축력
· 비렌딜거동에 의한 휨

위의 모든 효과의 조합에 의한 좌굴 가능성 때문에 상호작용이 더욱 복잡해진다(그림 2.1참조).

원형 및 직사각형 개구부의 설계력은 그림 3.7 및 그림 3.8과 같다. 상하부 T단면은 각각 힘의 평형을 이룬다. 웨브포스트의 수평전단력은 인접 개구부의 중심선 사이의 하부 T단면이 받는 인장력의 증분과 같다.

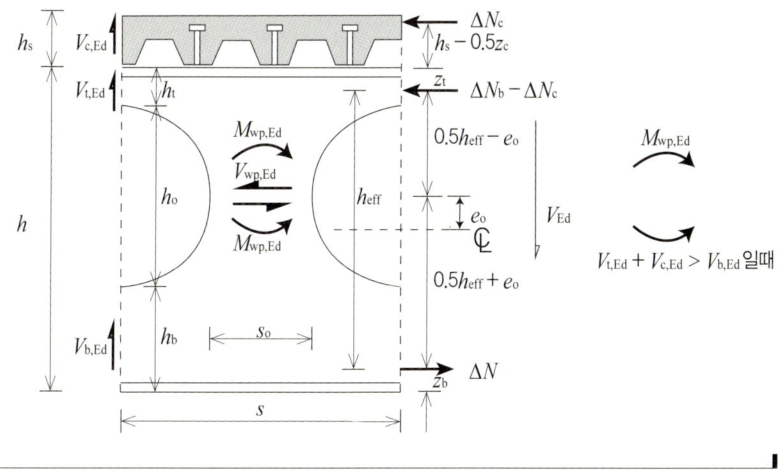

$M_{wp,Ed}$ 의 양의 방향은 개구부가 있는 합성보에서 상부 T단면의 전단력($V_{t,Ed}+V_{c,Ed}$) 이 일반적으로 하부 T단면의 전단력($V_{b,Ed}$)보다 크다는 것을 의미한다.

【그림 3.7】 합성보의 원형 개구부 사이의 웨브포스트가 받는 힘

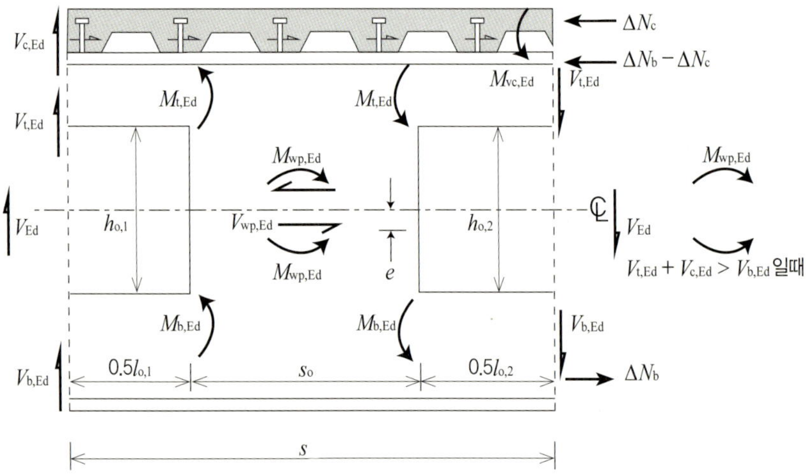

【그림 3.8】 합성보의 직사각형 개구부 사이의 웨브포스트가 받는 힘

웨브포스트의 설계 수평전단력

웨브포스트에 작용하는 설계 수평전단력 $V_{wp,Ed}$ 는 하부 T단면이 받는 인장력으로부터 산정한다.

제일 근사법으로 개구부 사이의 하부 T단면의 힘의 증분과 같은 크기의 힘을 슬래브가 받을 수 있도록 충분히 전단접합된 것으로 가정한다. 이렇게 가정할 때, 웨브포스트가 받는 수평전단력은 다음과 같다:

$$V_{wp,Ed} = \frac{V_{Ed}s}{(h_{eff} + z_t + h_s - 0.5h_c)} \quad (29)$$

여기서

V_{Ed}	인접 개구부의 중심선상의 평균 설계전단력
s	개구부 중심간의 거리
h_{eff}	T단면 중심 사이의 보 유효깊이(보수적으로 탄성중립축 사이의 거리로 취할 수 있다)
z_t	플랜지 외측면부터 상부 T단면중심 사이의 깊이(보수적으로 탄성중립축의 깊이로 취할 수 있다).

h_c 와 h_s는 앞의 정의를 따른다.

개구부 사이의 전단연결재의 강도에 의해 슬래브에 발현될 수 있는 압축력의 증분은 다음과 같다:

$$\Delta N_{cs,Rd} = n_{sc,s} P_{Rd} \tag{30}$$

여기서:

$n_{sc,s}$ 인접 개구부의 중심선 사이의 전단연결재의 개수.

P_{Rd} 프로파일쉬트와 함께 사용된 전단연결재의 설계강도(즉, 1.6절의 k_t 또는 k_l 을 곱한 P_{Rd}

개구부 사이에 전단연결재의 개수가 충분하지 않은 경우, 웨브포스트에 발현되는 수평전단력은 다음과 같이 증가한다:

$$V_{wp,Ed} = \frac{V_{Ed}s - \Delta N_{cs,Rd}(z_t + h_s - 0.5h_c)}{h_{eff}} \tag{31}$$

식 (29)와 식 (31)의 값 중 큰 값을 사용한다.

웨브포스트의 설계압축력

웨브포스트의 압축력(즉, 일반적으로 수직방향의 힘)은 웨브포스트 좌굴을 유발할 수 있다. 이는 3.5절 웨브포스트의 좌굴강도에서 논의하였듯이 복합적인 현상이다. 설계모델의 좌굴 적합성에 대한 검토는 압축력을 단부포스트의 전체 폭으로 저항하는 좁은 간격의 개구부와 압축력을 개구부 사이의 유효웨브폭으로 저항하는 넓은 간격의 개구부를 구분하여야 한다.

좁은 간격의 개구부와 넓은 간격의 개구부는 개구부 끝단 사이의 거리를 개구부 길이와 비교하여 구분한다. 원형 개구부에서는 $s_o = h_o$, 직사각형 개구부에서는 $s_o = \ell_o$를 기준으로 구분한다. 여기서 h_o와 ℓ_o는 개구부의 깊이와 길이이다. 이러한 구분은 정확하지 않지만 해석의 간편성을 위해 사용된다.

넓은 간격의 개구부의 설계압축력

넓은 간격의 개구부나 독립된 개구부에서, 웨브포스트 좌굴은 개구부 간격과 무관하다. 이러한 경우, 압축력이 개구부 단부에서 h_o / 2의 유효폭에 대해 작용하는 것으로 고려한다. 압축력의 크기는 상하부 T단면의 수직전단력중 큰 값과 같다. 상하부 T단면의 수직전단력 중 큰 값을 사용하는 것은 개구부 위치의 비대칭을 감안한 것이다. 이에 따라 개구부 단부의 포스트에 작용하는 압축력은

다음과 같다:

$$N_{wp,Ed} = V_T \tag{32}$$

여기서

V_T 상하부 T단면(합성 상부 T단면과 강재 하부 T단면)의 수직전단력 중 큰 값

좁은 간격의 개구부에 대한 설계압축력

좁은 간격의 개구부에서는 웨브포스트의 수직전단력이 아닌, 수평전단력 $V_{wp,Ed}$ 를 사용하여 웨브포스트의 설계압축력을 결정한다. 이는 개구부 사이의 웨브포스트에 더 큰 전단력이 작용함을 반영한 것이다. 보 춤의 중심에 위치한 개구부에서는 웨브포스트에 작용하는 수평전단력과 같은 크기의 압축응력이 웨브포스트에 작용하는 것으로 취한다. 따라서 웨브포스트에 작용하는 압축력은 다음과 같다:

$$N_{wp,Ed} = V_{wp,Ed} + |M_{wp,Ed}|/(h_o/2) \tag{33}$$

여기서

$V_{wp,Ed}$ 식 (29) 또는 식 (31)과 같다

$M_{wp,Ed}$ 개구부 중간 높이에서의 웨브포스트 모멘트

웨브포스트의 설계모멘트

웨브포스트는 비렌딜휨 거동의 결과로 휨을 받는다. 개구부의 상하부 T단면이 같은 크기의 전단력을 부담하면, 웨브포스트 중간 높이에는 모멘트의 크기가 영이다. 웨브포스트의 상하부에는 $V_{wp,Ed}\ h_o/2$로 크기가 같고 방향이 반대인 모멘트가 작용한다. 상하부 T단면의 전단력 크기가 다르면, 웨브포스트 중간 높이에 다음과 같은 $M_{wp,Ed}$ 모멘트가 추가작용한다:

$$M_{wp,Ed} = (V_{t,Ed} + V_{c,Ed} - V_{b,Ed})\, s / 2 + V_{wp,Ed} e_o - \Delta N_{cs}\, (z_t + h_s - 0.5h_c) / 2 \tag{34}$$

여기서

V_{Ed} 인접 개구부의 중심선 사이에서 중간부분에 작용하는 설계전단력

$V_{c,Ed}$ 콘크리트 슬래브의 설계전단력으로 $V_{c,Rd}$ 로 취할 수 있다(3.3절 참조)

$V_{b,Ed}$	하부 T단면의 설계전단력
$V_{t,Ed}$	상부 T단면의 설계전단력
$V_{wp,Ed}$	웨브포스트에 작용하는 설계수평단력($V_{wp,Ed} = \Delta N_{b,Ed}$)
$\Delta N_{b,Ed}$	인접 개구부의 중심선 사이의 하부 T단면에서의 인장력 증가분
e_o	보 춤 중심선과 개구부 중심선간의 편심거리(개구부 중심선이 보 춤 중심선보다 위에 있을 경우를 양으로 한다)
ΔN_{cs}	인접 개구부 사이의 거리 s 에 위치한 전단연결재에 의해 발현되는 압축력의 증가분. 식 (30)의 $\Delta N_{cs,Rd}$ 와 같다.

s, z_t h_s와 h_c 는 앞서의 정의를 따른다.

웨브포스트 모멘트는 단면의 비대칭성에 비례하여 증가한다 (4장 참조). 평형조건을 만족하는 상하 T단면 사이의 임의의 전단력 분포를 가정하되 $M_{wp,Ed}$이 최소화되는 분포를 택한다.

힘의 평형으로부터 상부 T단면의 전단력은 다음과 같다:

$V_{t,Ed} = V_{Ed} - V_{c,Rd} - V_{b,Ed}$, 따라서

$$M_{wp,Ed} = (V_{Ed} - 2V_{b,Ed})\, s/2 + V_{wp,Ed}e_o - \Delta N_{cs}\,(z_t + h_s - 0.5h_c)/2 \quad (35)$$

일반적으로 낮은 설계전단력의 경우는 웨브포스트의 모멘트는 무시할 수 있다.

만약 인접한 개구부 사이의 높이가 다르거나 한쪽의 개구부만 보강된 경우 상하부 T단면 사이의 전단력 분포는 개구부별로 다르다. 이러한 경우 두 개구부의 평균값을 위 식에 사용한다.

웨브포스트의 전단강도

웨브개구부의 설계수평전단강도는 다음과 같다:

$$V_{wp,Rd} = \frac{(s_o t_w) f_y / \sqrt{3}}{\gamma_{M0}} \quad (36)$$

여기서

s_o	인접 개구부의 끝단 사이 거리 ($s - \ell_o$)
t_w	웨브 두께

실험결과 웨브가 국부적으로 복잡한 응력 상태에 있었지만, 웨브포스트가 위의 강도를 발현하였다.

웨브포스트의 좌굴강도

웨브포스트의 좌굴은 복합적인 현상으로 다음의 영향을 받는다:

- 개구부 형상 즉, 원형 또는 직사각형.
- 개구부의 웨브 세장비
- 보 춤 내에서 개구부 위치의 비대칭성

웨브포스트 좌굴 설계모델

SCI 출간물 P100[26] 의 접근법인 단순 압축장 모델은 개구부 치수 및 간격으로 정의되는 좌굴길이와 등가스트럿을 사용한다. 단순압축장 모델은 유한요소해석 결과에 대해 캘리브레이션 되었으며, 유한요소해석에 비해 보수적이다[27]. 캘리브레이션은 $h_o \geq s_o \geq 0.3\, h_o$ 범위에 대해 수행되었으며, 보 춤 내에 비대칭으로 위치한 개구부를 고려할 수 있도록 확장되었다. 이러한 경우 면내 모멘트가 웨브포스트 내에 발생된다.

스트럿 모델의 기본가정

설계 모델은 다음의 가정에 기초한다:

- 웨브포스트에 작용하는 압축응력은 웨브포스트에 작용하는 수평전단응력의 크기와 같다.
- 좌굴은 개구부 간격의 영향을 받는 유효 웨브길이에서 발생한다.
- 추가의 면내 휨응력이 웨브포스트에 작용할 수 있다(개구부 위치의 비대칭 정도가 클 때, 4장 참조).

다음의 세 가지 설계예에 대해 고려한다:

- 넓은 간격의 개구부
- 좁은 간격의 개구부
- 보 춤 내에 비대칭으로 위치한 개구부

직사각형 및 원형 개구부에 대한 해석에서는 압축을 받는 웨브포스트의 좌굴길이 ℓ_w 만 차이가 있다.

세 가지 설계예는 그림 3.9와 같다.

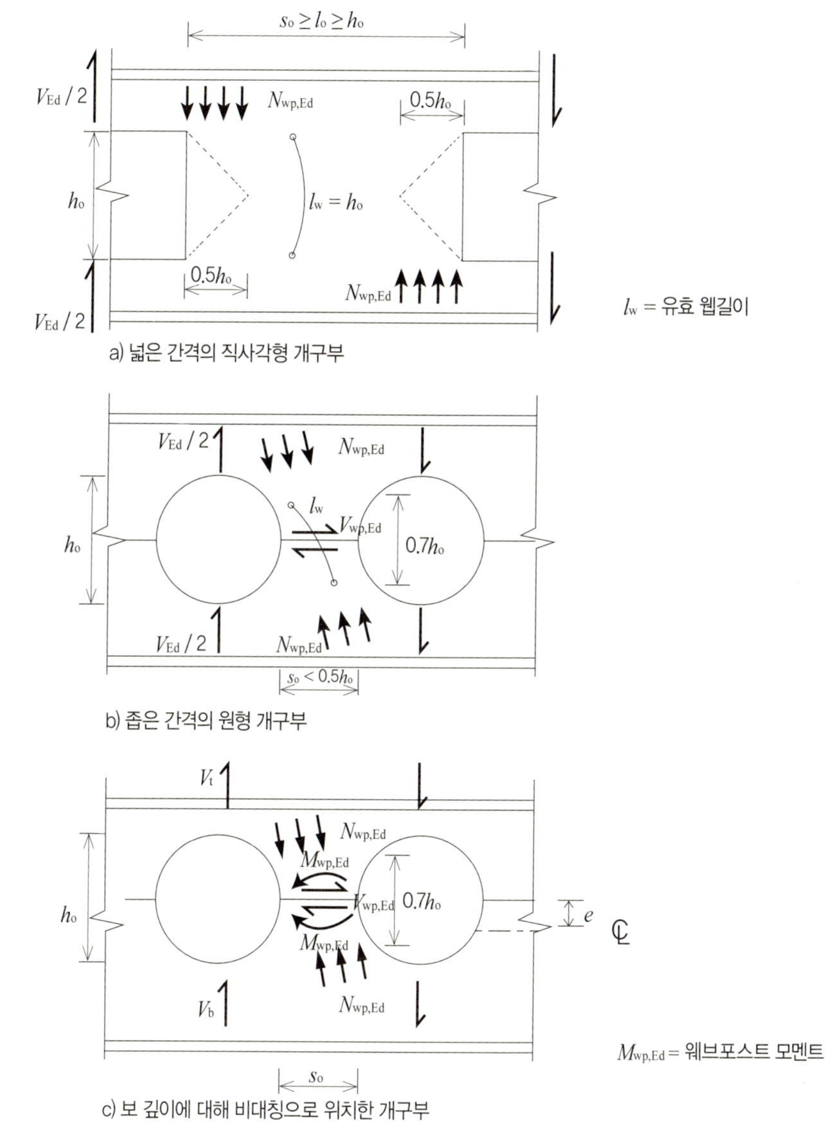

【그림 3.9】 좌굴해석을 위한 웨브포스트 휨 모델

넓은 간격의 개구부의 좌굴강도

넓은 간격의 개구부의 좌굴길이는 직사각형 개구부에서는 $\ell_w = h_o$, 원형 및 타원형 개구부에서는 $\ell_w = 0.7h_o$ 로 한다.

좌굴강도감소계수 χ 를 산정하기 위한 웨브포스트의 무차원 세장비 $\bar{\lambda}$ 는 다음

과 같다:

(a) 원형 및 타원형 개구부의 경우

$$\bar{\lambda} = \frac{2.5h_0}{t_w}\frac{1}{\lambda_1} \tag{37}$$

(b) 직사각형 개구부의 경우

$$\bar{\lambda} = \frac{3.5h_0}{t_w}\frac{1}{\lambda_1} \tag{38}$$

여기서 λ_1는 BS EN 1993-1-1의 §6.3.1.3에서 다음과 같이 정의한다:

$$\lambda_1 = \pi\sqrt{\frac{E}{f_y}} = 94\varepsilon \text{ 이며 } \varepsilon = \sqrt{(235 / f_y)}$$

웨브포스트의 설계좌굴강도 $N_{wp,Rd}$ 는 BS EN 1993-1-1의 §6.3.1에 따라 결정한다. 실험에 기반하여 압연단면은 좌굴곡선 b를 사용하며, 판재로 제작된 보는 좌굴곡선 c를 사용한다. 따라서 웨브포스트의 좌굴강도는 다음과 같다:

$$N_{wp,Rd} = \chi\frac{0.5h_o t_w f_y}{\gamma_{M1}} \tag{39}$$

좌굴강도는 $N_{wp,Rd} \geq N_{wp,Ed}$로 검증한다

좁은 간격의 개구부의 좌굴강도

좁은 간격의 개구부의 좌굴길이는 직사각형 개구부에서는 $\ell_w = 0.7\sqrt{(s_o^2 + h_o^2)}$ 원형 및 타원형 개구부에서는 $\ell_w = 0.5\sqrt{(s_o^2 + h_o^2)}$ 으로 한다.

웨브포스트의 무차원 세장비 $\bar{\lambda}$는 다음과 같다:

(a) 원형 및 타원형 개구부의 경우:

$$\bar{\lambda} = \frac{1.75\sqrt{s_o^2 + h_o^2}}{t_w}\frac{1}{\lambda_1} \tag{40}$$

(b) 직사각형 개구부의 경우:

$$\bar{\lambda} = \frac{2.5\sqrt{s_o^2 + h_o^2}}{t_w} \frac{1}{\lambda_1} \quad (41)$$

여기서 λ_1은 BS EN 1993-1-1의 §6.3.1.3의 정의를 따른다(위의 논의 참조).

웨브포스트의 설계 좌굴강도 $N_{wp,Rd}$ 는 BS EN 1993-1-1의 §6.3.1.2에서 압연단면 및 압연단면으로 제작된 보는 좌굴곡선 b, 판재로 제작된 보는 좌굴곡선 c를 사용하여 결정한다. 이에 따른 웨브포스트의 좌굴강도는 다음과 같다:

$$N_{wp,Rd} = \chi \frac{s_o t_w f_y}{\gamma_{M1}} \quad (42)$$

좌굴강도는 $N_{wp,Rd} \geq N_{wp,Ed}$로 검증한다

웨브포스트 좌굴에 대한 최소 개구부 폭

다음 조건을 만족하는 넓은 간격의 개구부에서는 웨브포스트의 좌굴효과가 미미하며 무시할 수 있다:

$h_o/t_w \leq 25$ 원형 개구부의 경우

$h_o/t_w \leq 20$ 직사각형 개구부의 경우 (43)

웨브포스트의 휨강도

웨브포스트의 설계휨강도는 탄성 휨강도로 한다. 직사각형 개구부와 원형 개구부의 개구부 중간 높이의 웨브포스트 휨강도는 다음과 같다:

$$M_{wp,Rd} = \frac{s_o^2 t_w}{6} \frac{f_y}{\gamma_{M0}} \quad (44)$$

직사각형 개구부의 웨브포스트 휨강도는 다음을 만족해야 한다.

$$M_{wp,Rd} \geq V_{wp} h_o/2 + |M_{wp,Ed}| \quad (45)$$

여기서

$V_{wp,Ed}$ 식 (29) 또는 식 (31)과 같다

$M_{wp,Ed}$ 개구부 중간 높이에서의 웨브포스트 모멘트

좁은 간격의 직사각형 개구부에서는 웨브포스트의 휨강도에 의해 웨브포스트 설계가 결정된다. 웨브포스트 중간 높이의 설계 모멘트는 단면의 전단강도를

변화 시키지는 않는다.

원형 개구부의 경우, 웨브포스트 중간 높이의 폭이 증가하면 웨브포스트의 휨 강도가 커지기 때문에, 웨브포스트 휨이 웨브포스트 설계를 제한하지 않는다.

3.6 독립 원형 개구부 주위의 전단좌굴

독립된 원형 개구부를 갖는 세장 웨브에 대한 대체방법으로 웨브의 전단좌굴 강도를 수정할 수도 있다. 개구부가 없는 세장 웨브의 전단좌굴강도는 BS EN 1993-1-1 §6.2.6(6) 및 BS EN 1993-1-5 §5에 주어져있다. 독립된 개구부가 있는 웨브의 전단좌굴강도는 보수적으로 다음의 식으로 택할 수 있다:

$$V_{w,o,Rd} = 0.9V_{bw,Rd}\left(1-\frac{\sqrt{h_o \ell_o}}{h_w}\right) \qquad (46)$$

여기서 $V_{bw,Rd}$ 는 BS EN 1993-1-5 §5.2의 전단좌굴강도이다.

식 (46)에서 원형 개구부는 $\ell_o = h_o$이다.

식 (46)은 웨브 내의 경사 응력장에 근거한 것이므로 웨브에 발생하는 상보 압축 때문에 독립된 개구부에만 적합하다. 개구부가 보 단부에서 0.8 h_w (h_w 는 플랜지 사이의 안목거리) 이상 떨어져 있으면 실제 단부 포스트의 폭에 관계없이 BS EN 1993-1-5의 규정에 따라 $V_{w,o,Rd}$ 를 강체 단부 포스트의 값으로 택할 수 있다.

CHAPTER 04

좁은 간격의 개구부를 갖는 보의 전단강도 제한

이 장은 웨브포스트휨강도와 웨브포트좌굴강도를 기준으로 좁은 간격의 개구부를 갖는 보의 수직전단강도 제한값을 제시한다.

4.1 웨브포스트 휨에 의한 강도

원형 개구부의 강도

극단적인 경우, 하부 T의 전단력은 비렌딜휨에 의해 최대값에 도달하고 웨브포스트의 모멘트는 탄성휨강도까지 도달한다. 기존의 평형방정식을 다시 정리하면, 지지할 수 있는 최대 수직전단력에 대한 수식을 구할 수 있다.

부분전단접합에서, $V_{\mathrm{wp,Ed}} > \Delta N_{\mathrm{cs,Rd}}$일 때 개구부가 있는 보의 설계수직전단강도의 한계값은 다음과 같다:

$$V_{\mathrm{Rd}} = \frac{2M_{\mathrm{wp,Rd}}/s + 4M_{\mathrm{b,NV,Rd}}/\ell_{\mathrm{o}}}{1+2e_0/h_{\mathrm{eff}}} + \frac{\Delta N_{\mathrm{cs,Rd}}}{s}(z_{\mathrm{t}} + h_{\mathrm{s}} - 0.5h_{\mathrm{c}}) \qquad (47)$$

여기서

$M_{wp,Rd}$ 개구부 중간 높이에서 웨브포스트의 탄성휨강도, 식 (44)와 같다.

$M_{bT,NV,Rd}$ 축인장력 효과에 의해 줄어든 하부 T단면의 휨강도(단면등급에 따라 식 (20) 또는 식 (23)과 같음). 하부 T단면에 의한 전단강도가 소성전단강도의 절반을 넘지 않으면 초기에는 감소를 고려하지 않는다.

$\Delta N_{cs,Rd}$ 개구부 사이의 전단연결재의 강도에 의해 슬래브가 발휘할 수 있는 압축력의 증가분

$e_o, h_c, h_{eff}, h_s, \ell_o, s$ 및 z_t 는 앞서의 정의를 따른다

완전합성에서 $V_{wp,Ed} \leq \Delta N_{cs,Rd}$ 일 때 웨브포스트의 압축력을 $V_{wp,Ed}$와 같도록 취하면, 다음과 같이 개구부가 있는 보의 수직전단강도 제한식이 얻어진다:

$$V_{Rd} = [2M_{wp,Rd}/s + 4M_{bT,NV,Rd}/\ell_o] \frac{[h_{eff} + h_s - 0.5h_c]}{[h_{eff} + 2e_0]} \tag{48}$$

제한값 V_{Rd} 는 위 두 식의 값 중 작은 값으로 한다.

만약 $M_{wp,Rd}$ 가 영일 때의 계산값 V_{Rd}가 전단력 V_{Ed}보다 크면, 평형상태에서 웨브포스트의 모멘트는 필요치 않다.

직사각형 개구부의 강도

좁은 간격의 직사각형 개구부가 있는 보의 거동은 비렌딜휨과 웨브포스트휨의 중요도가 더 크기 때문에 원형 개구부가 있는 보의 거동과 다르다.

직사각형 개구부가 있는 합성보에서는, 하부 T단면의 힘의 평형을 유지하기 위해 큰 면내 모멘트가 웨브포스트에 발생한다. 모멘트와 수평전단효과의 조합에 의해 웨브포스트의 상부가 웨브포스트 모멘트의 위험 지점이 되는데, 다음의 직사각형 개구부의 제한식을 만족해야 한다:

$$M_{wp,Rd} \geq V_{wp,Ed}\, h_o/2 + |M_{wp,Ed}| \tag{49}$$

여기서:

$M_{wp,Rd}$ 식 (44)에 의한 웨브포스트의 탄성휨강도

$M_{wp,Ed}$ 개구부 중간높이에서의 웨브포스트 모멘트

앞의 평형방정식을 재정리하면[27], 인접한 직사각형 개구부 사이에서 발현될 수 있는 전단강도는 다음과 같다.:

부분전단접합에서 즉, $V_{wp,Ed} > \Delta N_{cs,Rd}$ 일 때 개구부가 있는 보의 설계수직전단강도는 다음과 같다

$$V_{Rd} = \frac{2M_{wp,Rd}/s + 4M_{bT,NV,Rd}/\ell_o}{1 + (2e_o + h_o)/\ h_{eff}} + \frac{\Delta N_{cs,Rd}}{s}\ (z_t + h_s - 0.5h_c) \qquad (50)$$

인접 개구부 중 한쪽이 보강되고 다른 한쪽은 비보강되어 있으면, $M_{bT,NV,Rd}$는 두 하부 T단면의 평균값으로 한다.

완전합성에서 즉, $V_{wp,Ed} \leq \Delta N_{cs,Rd}$ 일 때 설계전단강도의 제한값은 다음과 같다:

$$V_{Rd} = [2M_{wp,Rd}/s + 4M_{bT,N,Rd}/\ell_o]\ \frac{[h_{eff} + h_s - 0.5h_c]}{[h_{eff} + 2e_o + h_o]} \qquad (51)$$

V_{Rd} 는 위 두 식의 값 중 작은 값으로 한다.

4.2 웨브포스트 좌굴에 의한 강도

웨브포스트 좌굴에 의해 제한되는 개구부가 있는 보의 수직전단강도식 역시 위와 동일한 방법으로 유도할 수 있다.

부분전단접합의 경우:

$$V_{Rd} = \frac{N_{wp,Rd}(h_o/s) + 4M_{bT,NV,Rd}/\ell_o}{1 + h_{o,eff}/h_{eff}} + \frac{\Delta N_{cs,Rd}}{s}(z_t + h_s - 0.5h_c) \qquad (52)$$

완전합성의 경우, 압축력 $\Delta N_{c,Ed}$ 를 $V_{wp,Ed}$ 와 같게 취하면 다음의 수직전단강도 제한식이 얻어진다.

$$V_{Rd} = [N_{wp,Rd}(h_o/s) + 4M_{bT,NV,Rd}/\ell_o]\frac{[h_{eff} + h_s - 0.5h_c]}{[h_{eff} + h_o + 2e_o]} \qquad (53)$$

여기서

$N_{wp,Rd}$ 3.5절 웨브포스트의 좌굴강도에서 정의된 웨브포스트 좌굴강도

$M_{b,NV,Rd}$ 축인장력과 전단 효과에 의해 줄어든 하부 T단면의 휨강도(단면등급에 따라 식 (20) 또는 식 (23)과 같음).

V_{Rd} 의 제한값은 두 식의 값 중 작은 값으로 한다.

인접 개구부 중 한쪽이 보강되었고 다른 한쪽은 비보강되어 있으면, $M_{bT,NV,Rd}$ 는 평균값으로 한다.

편심 개구부의 웨브포스트좌굴에 대한 검토는 원형 및 직사각형 개구부와 동일하며, $N_{wp,Rd}$ 의 적정값을 사용한다. 개구부 간격이 넓은 간격의 개구부의 기준을 만족할 경우에는 웨브포스트의 좌굴을 검토하지 않아도 된다.

4.3 전단강도의 검토

전단강도 V_{Rd} 는 4.1절 및 4.2절의 웨브포스트휨과 웨브포스트좌굴의 제한값 중 작은 값으로 하며 개구부 단면에 대한 ($V_{pl,Rd}$ + $V_{c,Rd}$) (3.3절 참조)를 넘지 않아야 한다. 일반적으로 직사각형 개구부는 웨브포스트휨에 의해, 원형 개구부는 웨브포스트좌굴에 의해 제어된다.

전단강도의 검토에서 V_{Rd} 는 적어도 인접한 개구부의 중심선 사이 중간부분의 전단력 V_{Ed} 와 같아야 한다.

4.4 타원형 개구부의 편심효과

타원형 개구부는 원형 개구부의 웨브포스트를 제거하여 만들어질 수 있다. 좁은 간격의 개구부와 동일한 방법을 적용하며, 비대칭 효과에 의한 웨브포스트 모멘트 증가만 다를 뿐이다.

위에서 제시한 수식은 다음과 같이 수정된다: s 는 원형 개구부와 타원형 개구부의 중심선 사이의 거리로 한다(웨브포스트가 제거되었을 경우, 통상 원형 개구부 간격의 두배가 된다); 개구부 유효길이는 $\ell_e = \ell_o - 0.55h_o$이다. 타원형 개구부 상하부의 수평 스티프너에 의해 $M_{b,N,Rd}$ 을 증가시키지 않으면, 위 식에서 V_{Rd} 의 최대값은 상당한 크기로 감소된다.

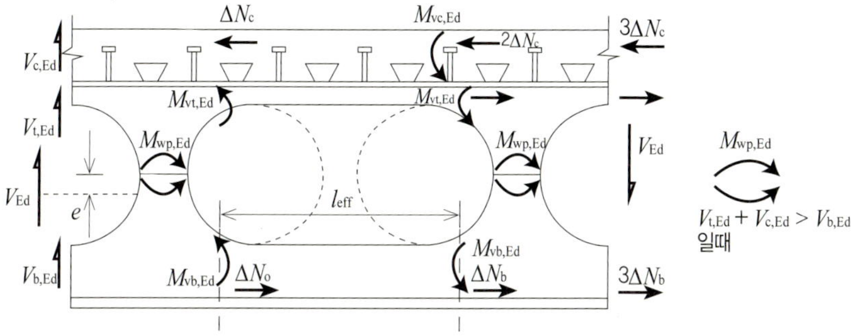

a) 타원형 개구부의 힘의 분포

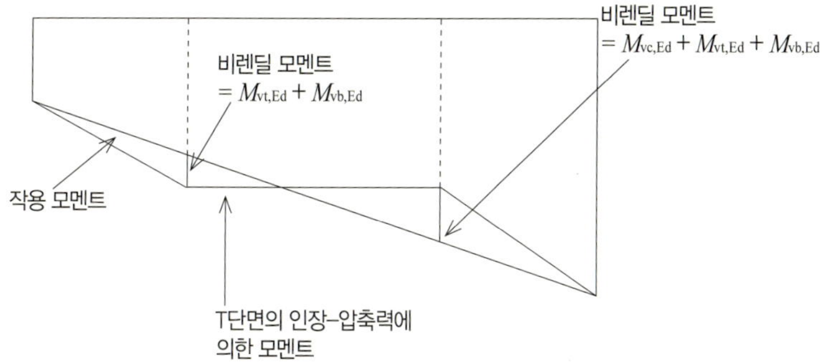

b) 힘의 평형을 위한 요구모멘트

【그림 4.1】 타원형 개구부 웨브포스트의 힘의 분포

CHAPTER 05

보강된 개구부가 있는 보의 설계강도

5.1 치수 제한

합성보에서 적절한 설계강도를 확보하기 위해 원형 또는 직사각형 개구부에 보강을 할 경우, 개구부와 스티프너에 치수 제한을 부과할 필요가 있다. 그림 5.1의 제한은 용접과 개구부 주위의 효과적인 힘의 전달을 위한 실무적 요구사항에 근거한 것이다. 이는 정확한 제한값은 아니지만, 보가 등분포하중이나 복수의 집중하중을 받을 때 적절한 제한값이다.

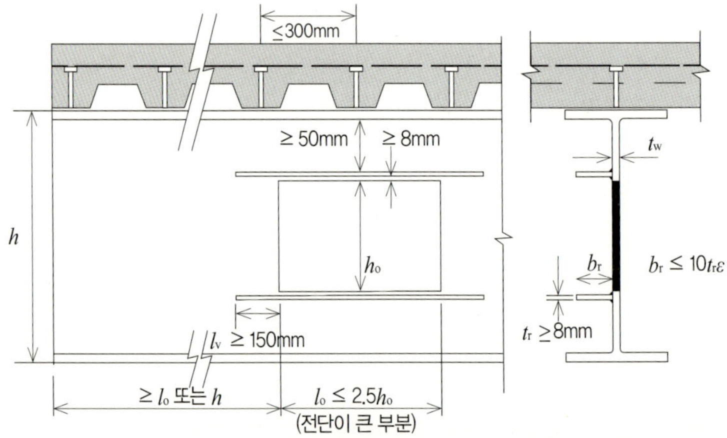

【그림 5.1】 큰 전단력을 받는 직사각형 개구부의 상세제한

5.2 수평 스티프너가 있는 보

일반 요구사항

수평 스티프너는 직사각형 판재로 만들어지며 개구부 상하단 모두 또는 한쪽에, 보의 한쪽 면 또는 양쪽 면에 용접된다. 스티프너는 다음의 효과가 있다:

· 국부 비렌딜휨강도를 증가시킨다
· T단면 웨브의 국부좌굴을 방지한다.

수평 스티프너의 크기와 위치를 결정할 때는 보의 웨브와 스티프너의 접합 용이성(즉, 용접을 위한 충분한 접근성이 확보되어야함)을 고려해야 한다. 개구부가 단면 플랜지와 가까울 때는, 스티프너 한쪽 면의 부분용입 맞댐용접만이 가능하다.

스티프너의 돌출길이 대 두께 비는 단면등급 3(준컴팩트 단면)의 한계값을 넘지 않아야 한다. 만약 보가 단면등급 1 또는 2로 설계되었으면 등급 2의 한계값을 넘는 돌출부는 유효하지 않은 것으로 고려한다. 개구부 영역에서, 보강이 되었으면 웨브를 단면등급 2로 한다.

스티프너의 최대 크기는 스티프너와 개구부 단부 웨브 사이의 용접에 의해 전달되는 국부 정착력에 저항할 수 있는 웨브의 강도에 의해 결정된다. 스티프너의 축강도를 발현할 수 있는 적절한 정착길이가 필요하다.

제작측면에서는 웨브의 한쪽 면에만 스티프너를 용접하는 것이 보다 효율적이지만, 이런 경우 웨브가 횡방향 휨에 대한 강도가 충분하여 편심응력이 스티프너에서 웨브로 전달될 수 있음을 확인하여야 한다.

스티프너의 크기와 정착길이

실용적 측면에서 스티프너 면적의 상한값은 $A_r \leq 0.5h_o t_w$이다. 이는 인접한 스티프너로부터 전달되는 힘을 충분히 저항할 수 있는 인접한 웨브 강도를 보장한다.

실무에서 폭 200 mm, 두께 20 mm를 넘는 수평 스티프너는 권장되지 않는다. 최소 폭 80 mm, 두께 $\ell_o/10$를 권장한다.

스티프너의 크기를 결정할 때, 양쪽 면에 스티프너가 있는 경우 다음의 식을 적용한다:

$$\frac{t_r}{t_w} \leq 1.2\left(\frac{\ell_v}{2b_r}\right) \tag{54}$$

여기서

ℓ_v 스티프너 정착길이

t_r 스티프너 두께

t_w 웨브 두께

b_r 스티프너 폭

스티프너를 양쪽 면에 정착할 때는 가능한 필렛용접을 사용해야 한다(경우에 따라 맞댐용접만이 가능할 때도 있다). 필렛용접의 목두께는 스티프너 두께의 절반 이상이어야 한다. 필렛용접 각장의 최소 길이 5 mm를 확보하기 위해 개구부 단부로부터의 최소 오프셋 치수는 8 mm로 한다.

개구부 끝단 너머의 스티프너 정착길이 ℓ_v 는 일반적으로 최소 $0.25\ell_o$ 이상이며 다음의 조건을 만족하여야 한다:

a) 필렛용접의 전단강도 측면

$$\ell_v \geq \frac{F_r}{2naf_{vw,d}}$$

b) 스티프너의 전단강도 측면

$$\ell_v \geq \frac{F_r}{nt_r f_{yr}/(\gamma_{M0}\sqrt{3})} \tag{55}$$

c) 웨브의 전단강도 측면

$$\ell_v \geq \frac{F_r}{2nt_w f_{yr}/(\gamma_{M0}\sqrt{3})}$$

여기서

F_r 스티프너의 설계응력으로 다음과 같다:

$$F_r \quad = F_{r,Rd} = \frac{A_r f_{yr}}{\gamma_{M0}}$$

A_r 스티프너의 단면적 또는 등급 3에 해당하는 스티프너의 유효면적

f_{yr} 스티프너의 항복강도

n 한쪽 면 스티프너는 1, 양쪽 면 스티프너는 2로 한다

a 필렛용접의 목두께

$f_{vw,d}$ BS EN 1993-1-8의 §4.5.3.3[29] 에 의한 필렛용접의 설계전단 강도(국가 부속규정의 γ_{M2} 값으로 결정한다).

따라서 일반적으로 ℓ_v는 0.25 ℓ_o 또는 $2b_r$ 이상으로 하며, 이 정착길이에 전달되는 힘에 대해 용접을 검토해야 한다.

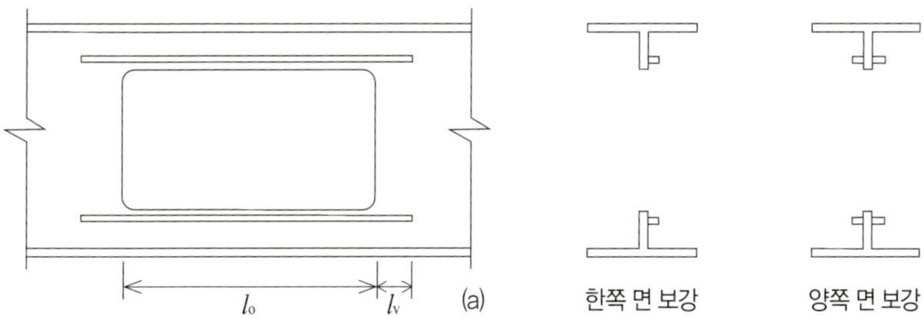

【그림 5.2】 스티프너 정착기준

한쪽 면에 스티프너가 있는 경우의 추가 요구사항

작은 크기의 스티프너를 사용할 경우 종종 한쪽 면에 스티프너를 정착하는 것을 선호한다. 하지만 스티프너의 효율은 스티프너의 편심축력에 의한 면외휨 효과에 대한 웨브의 저항능력에 따라 감소한다. 이러한 경우, 다음의 사항을 권장한다:

· 웨브 깊이 대 두께 비 70ε이하

· 스티프너 폭 b_r이 조립보는 $\ell_o/6$, 압연보는 $\ell_o/4$ 이하

· 스티프너 두께 t_r이 t_w이하(아래참조)

· 정착길이 ℓ_v는 $2b_r$와 인접한 개구부 끝단까지의 거리 중 작은 값으로 하며, 식 (55)를 만족해야 한다.

스티프너의 두께는 다음의 기준을 만족해야 한다:

$$\frac{t_r}{t_w} \leq 0.96\left(\frac{\ell_v}{2b_r}\right) \text{ 한쪽 면에 스티프너가 있을 때} \tag{56}$$

한계치로서 $\ell_v = 2b_r$ 일 때 $t_r \leq t_w$ 이다

수평 스티프너가 있는 보의 휨강도

비렌딜휨

T단면의 소성강도

수평 스티프너가 있을 때 3.4절 T단면의 소성휨강도식은 다음과 같이 수정된다:

$$M_{pl,Rd} = \frac{A_{w,T}f_y}{\gamma_{M0}}\left(\frac{h_{wt}}{2} + t_f - z_{pl}\right) + \frac{A_f f_y}{\gamma_{M0}}(0.5t_f - z_{pl} + z_{pl}^2/t_f) + \frac{A_r f_y}{\gamma_{M0}}(t_f + h_{w,T} - e_r - z_{pl}) \tag{57}$$

여기서

z_{pl}	소성중립축과 강재보 플랜지 최외측섬유 사이의 거리로 다음과 같다: $z_{pl} = (A_f + A_{w,T} + A_r) / (2b_f)$ $A_r \leq A_f - A_{w,T}$ 일 때
$A_{w,T}$	T단면 웨브의 단면적 = $h_{w,T}\, t_{w,eff}$
A_f	플랜지 단면적
b_f	플랜지폭
$h_{w,T}$	플랜지를 제외한 T단면 웨브의 깊이(h_{wb} 또는 h_{wt} 사용).
t_f	플랜지 두께
A_r	수평 스티프너의 단면적
e_r	웨브 끝단과 스티프너 중심 사이의 오프셋 거리.

T단면의 탄성강도

수평 스티프너가 있을 때 3.4절 T단면의 탄성휨강도식은 다음과 같이 수정된다:

$$M_{el,Rd} = \frac{A_{w,T}f_y(0.5h_{w,T} + t_f - z_{el})^2 + A_f f_y(z_{el} - 0.5t_f)^2 + A_r f_{y,r}(h_{w,T} - e_r + t_f - z_{el})^2}{(h_{w,T} + t_f - z_{el})\gamma_{M0}} \tag{58}$$

여기서

z_{el} 탄성중립축과 강재보 플랜지 최외측섬유 사이의 거리로 다음과 같다:

$$z_{el} = \frac{A_{w,T}(0.5h_{w,T} + t_f) + 0.5t_f A_f + A_r(h_{w,T} - e_r + t_f)}{(A_f + A_{w,T})} \tag{59}$$

축력이 휨강도에 미치는 영향

보강된 하부 T단면에서, 스티프너 단면의 영향 때문에 축인장력에 의한 휨강도를 다음과 같이 선형으로 감소시켜 보수적으로 사용한다[23].

$$M_{pl,N,Rd} = M_{pl,Rd}\,(1 - N_{Ed}/N_{pl,Rd}) \tag{60}$$

스티프너 단면적이 작은 경우에는 모멘트와 축력의 상관관계가 2차방정식 형태이므로 위 식은 보수적이다.

T단면의 전단강도

T단면의 전단강도를 산정할 때 보수적으로 수평 스티프너는 제외한다. 따라서 T단면의 전단면적은 3.3절에 따라 산정하며, T단면이 큰 전단력을 받는 곳은 3.4절에 따라 휨강도를 저감한다.

긴 개구부 효과

보강된 긴 개구부에서는 개구부의 변형을 감안하여 합성거동에 의한 국부 비렌딜휨강도에 감소계수를 적용한다. 수평 보강된 개구부의 감소계수 k_o는 다음과 같다:

$$k_o = \left(1 - \frac{\ell_o}{35h_{t,T}}\right) \tag{61}$$

여기서

$h_{t,T}$ 상부 T단면의 깊이

k_o 보강된 개구부에서 $\ell_o \leq 5\,h_t$ 일 때 1.0 으로 한다.

보다 정확한(하지만 좀 더 복잡함) 대안으로 3.4절에서 소개한 바와 같이 비렌딜휨강도 $M_{vc,Rd}$ 의 합성성분에 대한 전단연결재의 인장력 영향을 고려할 수도 있다.

5.3 수직 스티프너

일반적으로 단면등급 1, 2의 보에는 수직 스티프너가 필요치 않고, 등급 4의 단면에는 수직 스티프너가 필요할 수도 있다. 하지만, 큰 집중하중을 받는 곳과 작은보가 연결되는 곳에는 수직 스티프너가 필요하다. 이는 개구부가 있는 보에도 적용된다. 수직 스티프너가 있는 경우, 수직 스티프너는 웨브의 비보강된 부분이 국부좌굴에 대해 충분한 강도를 갖지 않으면 전높이로 한다.

5.4 환형 스티프너

환형 스티프너가 웨브포스트 거동에 미치는 영향

원형 개구부 내부를 따라 용접된 환형 스티프너는 웨브포스트 좌굴을 억제하는 효과(등급 3의 웨브에서)가 있다. 다음의 두 가지 경우를 고려한다:

(a) 인접하여 환형 보강된 개구부

전형적인 경우에 대한 유한요소해석에 따르면, 환형 스티프너가 개구부 단부를 따라 좌굴을 방지하여 웨브포스트의 세장비를 0.7배 감소시키는 효과가 있으므로 식 (37)의 $\overline{\lambda}$ 에 0.7을 곱한다. 직경이 $40t_w\varepsilon$ 이하인 개구부에 환형 스티프너가 정착되어 있으면 웨브포스트 좌굴에 대해 완전구속된 것으로 본다.

(b) 웨브포스트의 한쪽 면만 환형 보강된 개구부

유한요소해석에 따르면, 웨브포스트의 한 쪽면만 보강된 환형 스티프너는 웨브포스트 좌굴에 부분적인 영향을 미친다. $s/h_o \leq 1.5$ 일 때 스트럿의 좌굴길이는 0.85배 감소되므로, 식 (40)의 $\overline{\lambda}$ 에 0.85를 곱한다. $s/h_o > 1.5$인 넓은 웨브포스트에서는 인접한 환형 스티프너에 의한 영향을 고려하지 않는다.

CHAPTER 06

사용성 한계상태에서의 거동

합성보 설계에서 사용성기준은 처짐제어, 슬래브의 균열제어, 인지 가능한 바닥진동의 최소화와 관련한 것이다. 큰 웨브개구부가 있는 보의 사용성 한계상태 설계에 대한 주 고려사항은 다음과 같다:

· 개구부의 휨강성 저하로 인한 추가처짐.
· 대형 개구부의 비렌딜휨 효과에 의한 추가처짐(전단처짐).
· 전체강성 저하(동적응답이 커짐)

6.1 추가처짐 산정

단면의 탄성물성 적용

처짐에 대한 사용성능을 산정할 때는 웨브손실을 반영한 탄성물성치를 적용한다. 휨만을 받을 때는, 탄성강성을 그림 6.1과 같이 정의한다. 대형 개구부가 있는 합성보의 실험에서 보듯이 보의 하중-처짐 관계의 탄성거동부분은 항복에 도달할 때까지 개구부가 없는 경우와 큰 차이가 나지 않는 바 전체 사용성능에 관한 한 국부적인 항복 여부는 중요하지 않다. 더구나, 웨브가 보강된 보에서는 개구부단면의 강성저하가 더 줄어든다.

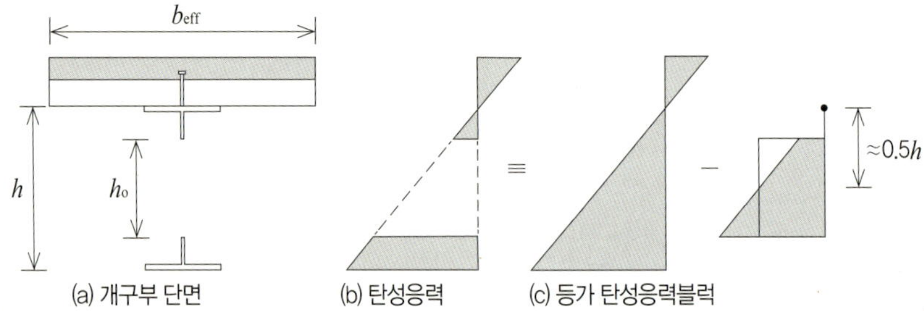

【그림 6.1】 개구부가 있는 보의 탄성물성

합성보 개구부의 단면이차모멘트는 그림 6.1과 같이 산정한다. 개구부의 감소된 단면이차모멘트의 근사값은 다음과 같다:

$$I_{y,o} = I_y - 0.3h\, h_o^2 t_w$$

원형 및 직사각형 개구부에 의한 추가처짐을 산정하기 위해 단순화 가정이 가능하다. 대부분의 실례에서 정확성을 갖는 경험식의 정립도 가능하다.

개구부에 의한 처짐증가

합성보의 처짐증가는 그림 6.2와 같이 휨과 전단에 의한 처짐으로 이루어진다.

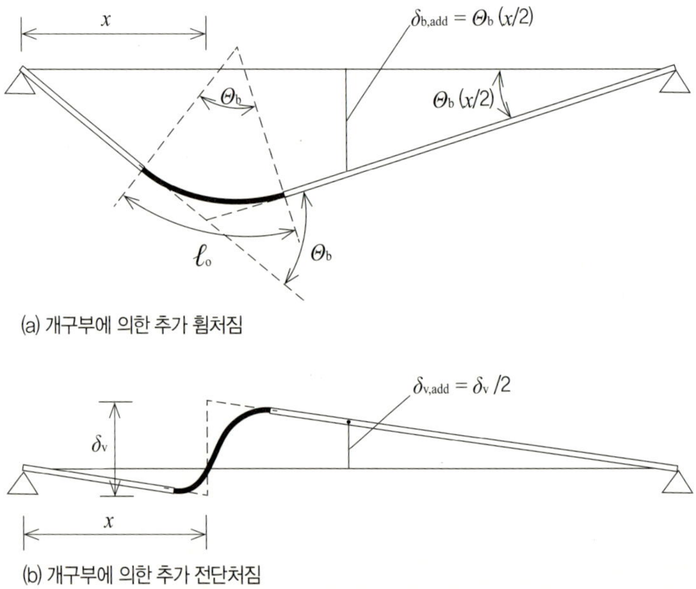

【그림 6.2】 개구부의 유연성에 의한 처짐성분

휨에 의한 추가처짐

등분포하중을 받고 각 지점에서 x만큼 떨어진 곳에 단일개구부가 있는 보의 경우, 개구부가 없는 합성보의 중앙처짐 w_b에 대한 순수 휨에 의한 추가처짐 $w_{b,add}$ 의 비는 근사적으로 다음과 같다:

$$\frac{w_{b,add}}{w_b} = 19.2\left(1-\frac{x}{L}\right)\left[\frac{x}{L}\right]^2\left(\frac{\ell_o}{L}\right)\left\{\frac{EI_y}{EI_{y,o}}-1\right\} \qquad (62)$$

여기서

I_y 완전합성단면의 단면이차모멘트

$I_{y,o}$ 개구부 합성단면의 단면이차모멘트

$$w_b = \frac{5F_{d,ser}L^3}{384EI}$$

여기서

$F_{d,ser}$ 사용성 한계상태에서 보에 작용하는 총설계하중

L 보 경간길이

중앙부 집중하중을 받는 보의 추가처짐은 다음과 같다:

$$\frac{w_{b,add}}{w_b} = 12.0\left(1-\frac{x}{L}\right)\left[\frac{x}{L}\right]^2\left(\frac{\ell_o}{L}\right)\left\{\frac{EI_y}{EI_{y,o}}-1\right\} \qquad (63)$$

이며, 중앙부 처짐은 다음과 같다:

$$w_b = \frac{F_{sd}L^3}{48EI_y}$$

전단에 의한 추가처짐

순수 휨처짐 대비 단일 개구부의 전단에 의한 추가처짐 $w_{v,add}$ 는 다음과 같다:

$$\frac{w_{v,add}}{w_b} = 1.6\left(1-\frac{2x}{L}\right)\left[\frac{\ell_o}{L}\right]^3\frac{EI_y}{EI_{y,T}} \quad \text{등분포하중을 받을 때}$$

$$\frac{w_{v,add}}{w_b} = 1.0\left(1-\frac{2x}{L}\right)\left[\frac{\ell_o}{L}\right]^3\frac{EI_y}{EI_{y,T}} \quad \text{집중하중을 받을 때} \qquad (64)$$

여기서 $I_{y,T}$ 는 개구부 상부 및 하부 T단면의 평균 단면이차모멘트이다. 이 수식의 단면이차모멘트는 보다 세밀한 해석에 포함되는 국부합성거동에서 콘크리트의 기여분을 무시한 값이다. 합성강성은 T단면의 유효강성 EI_T 의 두배 정도로 예상된다. 위 전단성분은 긴 개구부에서는 매우 중요할 수 있다.

그러므로, 총추가처짐은 $w_{b,add} + w_{v,add}$ 이다.

6.2 근사법

단일 개구부가 있는 합성보

보다 간략한 대안으로, 개구부의 강성저하에 의한 순수 휨처짐에 기반하여 합성보의 추가처짐에 대한 다음의 근사경험식이 제시되었다. 이 식은 $(1 - x/L)$항을 사용하여 큰 전단력을 받는 부분의 처짐영향에도 사용할 수 있다. 여기서 x는 가장 가까운 지점부터 개구부 중심선 까지의 거리이다. 개구부가 없는 합성보의 순수 휨처짐 w_b에 대한 개구부에 의한 추가처짐 w_{add} 는 다음과 같다:

$$\frac{w_{add}}{w_b} = k_o\left(\frac{\ell_o}{L}\right)\left(\frac{h_o}{h}\right)\left(1-\frac{x}{L}\right) \quad x \le 0.5L\text{일 때} \tag{65}$$

$$\frac{w_{add}}{w_b} = k_o\left(\frac{\ell_o}{L}\right)\left(\frac{h_o}{h}\right)\left(\frac{x}{L}\right) \quad x > 0.5L\text{일 때}$$

여기서 계수 k_o는 다음과 같다:

$k_o = 1.0$ 수평보강된 개구부일 때

$k_o = 1.5$ 비보강된 개구부일 때

그리고:

ℓ_o 개구부의 유효길이(= $0.45h_o$, 원형 개구부의 처짐을 계산할 때)

w_b 개구부가 없는 합성보의 휨처짐

추가처짐식은 비렌딜 처짐이 적은 짧은 개구부에서 더욱 보수적이다.

복수의 개구부에 의한 추가처짐

복수의 개구부에 의한 추가처짐은 다음과 같이 산정할 수 있다:

$$\frac{w_{add}}{w_b} = 0.7 n_o k_o \left(\frac{\ell_o}{L}\right)\left(\frac{h_o}{h}\right) \quad (66)$$

여기서 n_o 는 보에 있는 규칙적으로 배치된 개구부의 개수이다. 계수 0.7은 모멘트와 전단력 분포의 조합효과를 나타낸다.

대표적으로, $\ell_o = 0.45h_o$인 셀룰러보에 대해 위 식은 다음과 같다:

$$\frac{w_{add}}{w_b} = 0.47 n_o \left(\frac{h_o}{h}\right)^2 \left(\frac{h}{L}\right) \quad (67)$$

일반적으로 셀룰러보의 개구부에 의한 추가처짐은 동일 치수의 개구부가 없는 보 처짐의 12~15% 이다.

CHAPTER 07

특수 사례

7.1 비대칭 정도가 큰 개구부

그림 7.1과 같이 개구부가 한쪽 플랜지에 가까이 위치해야 할 경우 개구부 위치의 비대칭 정도가 큰 개구부의 사용이 불가피 할 수 있다. 이러한 경우, 남은 단면의 국부휨강도를 크게 하기 위해 수평 스티프너를 정착할 것을 권장한다. 비렌딜휨강도는 나머지 T단면에 의해 전적으로 결정된다.

이러한 경우, 개구부는 웨브포스트 휨에 취약하지 않도록(4장 참조) 충분히 떨어진 지점에 위치하여야 한다. 이는 개구부 끝단 사이의 거리가 인접한 두 개구부 중 대형 개구부 깊이의 두 배 이상이면 만족된다.

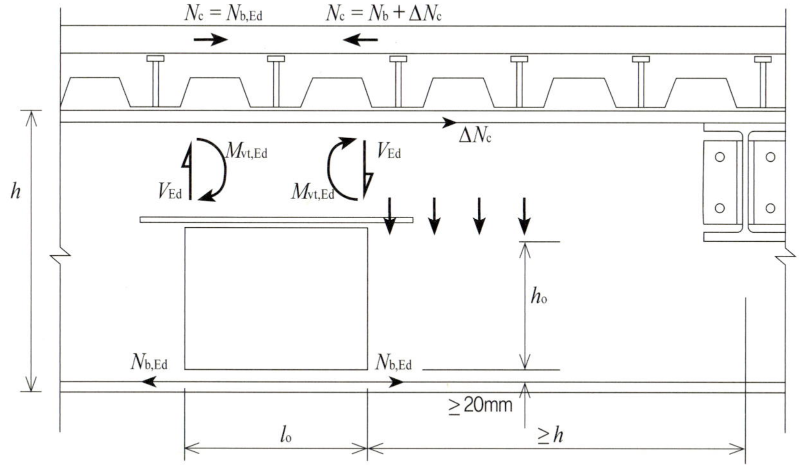

【그림 7.1】 비대칭정도가 큰 직사각형 개구부

7.2 단부포스트

보 단부에서 첫 번째 개구부의 가장자리까지의 거리는 단부포스트의 폭으로 결정한다. 단부포스트의 수평전단강도 및 좌굴강도는 사용된 접합부의 형식과 보 단부의 노치에 따라 좌우된다.

전높이 단부플레이트는 큰 전단력을 받는 큰보와 기둥과의 접합부에 선호된다. 이 경우 단부플레이트는 전단력을 웨브에 전달하며 웨브를 좌굴에 대해 부분적으로 구속시킨다. 그러므로, 단부플레이트의 좌굴안정성은 개구부 사이의 첫 번째 웨브포스트보다 커질 수 있다.

이에 반해, 핀 플레이트(fin plate), 웨브 클리트(web cleat), 부분높이 단부플레이트는 단부포스트의 구속정도가 훨씬 작다. 더구나 작은보는 종종 상부 플랜지에 노치가 도입되며, 이는 단부포스트의 유효길이를 증가시킨다. 특히 비합성보의 경우에 그러하다.

웨브개구부가 있는 합성보의 단부포스트 설계에 대한 지침을 접합형식에 따라 명확하게 제시하는 것은 불가능하다. 단부포스트의 최소폭을 직경이 h_o인 원형 개구부는 $0.5h_o$이상, 직사각형 개구부는 ℓ_o이상으로 할 것을 권장한다.

복수의 개구부가 있는 셀룰러보에 대한 보수적인 접근법은 첫 번째 웨브포스트

특수 사례 CHAPTER 07 The Steel Construction Institute

의 설계 검토에 사용되는 수평전단력을 산정할 때 첫 번째 개구부의 합성거동을 무시하는 것이다. 이는 설계 수평전단력을 증가시키는 결과를 준다. 또한 마지막 개구부는 단부포스트의 폭을 키우기 위해 반을 채우는 방안도 있다. 앞의 설명과 같이 전높이 단부플레이트 접합은 국부적으로 단부포스트의 강성을 높인다.

7.3 노치보

설비덕트 등의 관통을 위해 기둥에 인접한 보에 큰 노치를 뚫기도 한다. 노치는 지점과 인접한 부분에 그림 7.2와 같이 하부플랜지와 웨브를 잘라내어 만든다. 일반적으로 감소단면의 국부휨강도를 키우기 위해 수평 스티프너가 사용된다.

개구부 주위의 비렌딜휨과 노치 주위의 국부휨은 해석상 유사한 점이 있다; 비렌딜휨강도는 슬래브와 상부 T단면 사이의 국부합성거동에 의한 인장력으로 인해 저하된다. 요구조건은 다음 식으로 나타낼 수 있다:

$$V_{Ed}\ell_o \leq M_{tT,NV,Rd} + M_{vc,Rd} \tag{68}$$

여기서

$M_{tT,NV,Rd}$ 축압축력과 전단에 의해 감소된 상부 T단면의 휨강도

$M_{vc,Rd}$ 3.4절에서 정의된 국부 합성 비렌딜모멘트강도

노치부의 국부변형을 피할 수 있는 노치보의 권장 한계치수는 그림 7.2와 같다.

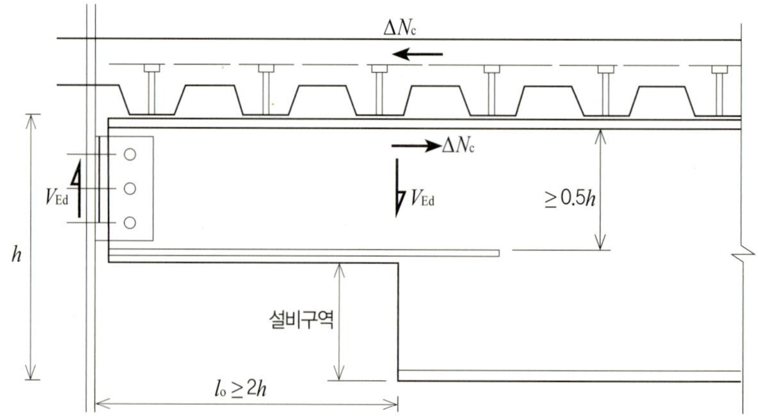

【그림 7.2】 노치보의 권장 한계치수

또한, 첫 번째 인접 개구부가 노치 단부로부터 노치길이 이상 떨어진 지점에 위치할 것을 권장한다.

CHAPTER 08 참고문헌

1. LAWSON, R. M.
Design of openings in the webs of composite beams (P068)
SCI/CIRIA, 1987

2. LAWSON, R. M., CHUNG, K. F. and PRICE, A. M.
Tests on composite beams with large web openings to justify existing design methods
The Structural Engineer, Vol 70, No.1, 7 January 1992

3. ENV 1993-1-1: 1992/A2: 1998 Eurocode 3: Part 1.1 - Amendment A2, CEN, 1998

4. DARWIN, D.
Design of steel and composite beams with web openings.
Steel Design Guide Series 2
American Institute of Steel Construction, 1990

5. MCKENNA, R. D. and LAWSON, R. M.
Design of steel framed buildings for service integration (P166)
The Steel Construction Institute, 1997

6. BS EN 1993-1-1:2005 Eurocode 3: Design of steel structures.
Part 1.1: General rules and rules for buildings
BSI

7. BS EN 1994-1-1:2004 Eurocode 4:
Design of steel and concrete composite structures.
Part 1.1: General rules and rules for buildings
BSI

8. BS 5950 1:2000 Structural use of steelwork in building
Part 1: Code of practice for design. Rolled and welded sections
BSI

9. BS 5950 3-1:1990 Structural use of steelwork in building
Part 3.1: Design in composite construction.
Code of practice for design of simple and continuous composite beams
BSI

10. BRETTLE, M. E.
Steel building design: Introduction to the Eurocodes (P361)
The Steel Construction Institute, 2009

11. BS EN 1990:2002 Eurocode. Basis of structural design
BSI

12. BS EN 1991-1-1:2002 Eurocode 1. Actions on structures
Part 1.1: General actions. Densities, self-weight, imposed loads for buildings
BSI

13. BS EN 1991-1-6:2005 Eurocode 1 Actions on structures.
Part 1.6: General actions. Actions during execution
BSI

14. BS EN 1992-1-1:2004 Eurocode 2: Design of concrete structures
Part 1.1: General rules and rules for buildings
BSI

15. BS EN 1993 1 2:2005 Eurocode 3. Design of steel structures
Part 1.2: General rules. Structural fire design
BSI

16. BS EN 1994 1 2:
2005 Eurocode 4. Design of composite steel and concrete structures
Part 1.2: General rules. Structural fire design
BSI

17. JOHNSON, R. P. and ANDERSON, D.
Designers Guide to EN 1994 1 1 Eurocode 4:
Design of composite steel and concrete structures.
Part 1.1: General rules and rules for buildings
Thomas Telford, 2005

18. BS EN 10025:2004 Hot rolled products of structural steels
Part 2: Technical delivery conditions for non-alloy structural steels
BSI

19. BS EN 10346:2009 Continuously hot-dip coated steel flat products.
Technical delivery conditions
BSI

20. BS EN 1993-1-3:2006 Eurocode 3. Design of steel structures
Part 1.3:
General rules. Supplementary rules for cold-formed members and sheeting
BSI

21. JOHNSON R. P. and MOLENSTRA N.
Partial shear connection in composite beams for buildings
Proceedings of Institution of Civil Engineers, Part 2, Vol 91, Dec 1991, p679-70

22. ARIBERT, J. M.
Design of composite beams with partial shear connection (in French)
Symposium on Mixed Structures, including New Materials
Brussels, IABSE. Zurich Report 60, 1990, p215 220

23. Large web openings for service integration in composite floors
Final Report for ECSC Research Contract 7210-PR-315, 2003
European Commission, EUR 21345, ISBN: 92-79-01723-3
EU Bookshop (http://bookshop.europa.eu),
Catalogue Number: KI-NA-21345-EN-C, 2006

24. SMITH, A. L., HICKS, S. J. and DEVINE, P. J.
Design of floors for vibration: A new approach (P354)
The Steel Construction Institute, 2009

25. REDWOOD, R. G.
Design of beams with web holes
Canadian Steel industries Construction Council, 1973

26. WARD, J. K.
Design of composite and non composite cellular beams (P100)
The Steel Construction Institute Publication, 1990

27. LAWSON, R. M., LIM, J., HICKS, S. J. and SIMMS, W. I.,
Design of composite asymmetric cellular beams and beams with
large web openings
Journal of Constructional Steel Research, Vol. 62, No.6, June 2006, pp.614-629.

28. JOHNSON, R. P. and BUCKBY, R. J.
Composite Structures of Steel and Concrete, Volume 2: Bridges, Second Edition
Collins, London, 1986

29. BS EN 1993-1-8:2005 Eurocode 3. Design of steel structures
Part 1.8: Design of joints
BSI

30. BS EN 1993-1-5:2006 Eurocode 3. Design of steel structures.
Part 1.5: Plated structural elements
BSI

CHAPTER 09

부록 A 웨브개구부가 있는 합성보 설계예제

본서의 설계법의 적용을 알 수 있도록 원형 및 직사각형 개구부가 있는 합성보 설계를 수행하였다.

설계예제 목차

웨브개구부를 갖는 합성보 설계

1 범위

10m경간의 작은보로 사용되는 웨브개구부가 있는 합성보를 BS EN 1993-1-1 및 BS EN 1994-1-1 에 따라 적합성을 검토한다. 보는 5.0 kN/m² 의 등분포 하중을 받으며, 두 개의 원형 개구부와 보강이 필요한 두 개의 직사각형 개구부를 경간 중간의 한쪽에 각각 갖는다. 보의 적절성은 시공단계와 사용단계에 대해 평가한다.

보는 S355강재의 457 × 191 × 74 kg/m UKB 강재보를 선정하였으며 형상은 아래와 같다.

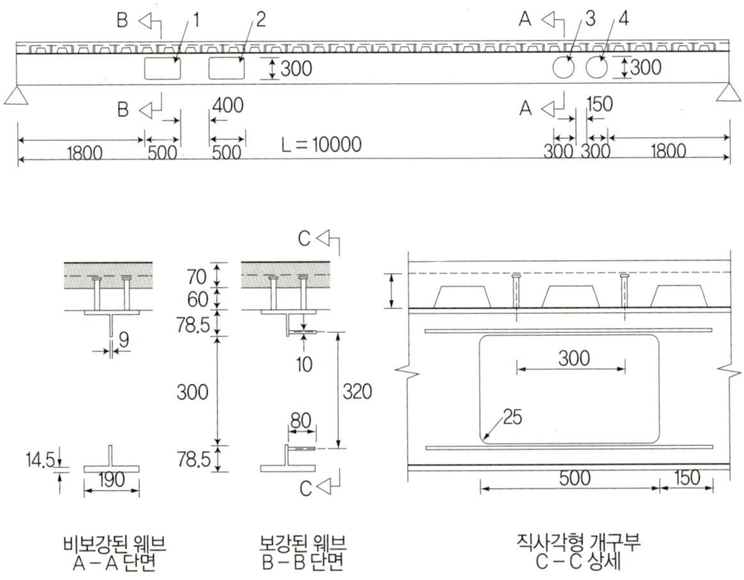

본 예제에서는 다음에 대해 설계 검토한다:

- 중간경간 비개구부 단면의 휨강도
- 개구부 단면의 휨강도
- 개구부 상하부의 비렌딜휨강도
- 웨브포스트의 전단강도, 휨강도, 압축강도
- 처짐(개구부 효과에 의한)
- 시공단계에서의 검토

2 치수 및 물성

2.1 일반치수

보 경간	$L = 10$ m
보 간격	$b = 3$ m
슬래브 깊이	$h_s = 130$ mm
데크 깊이	$h_d = h_p = 60$ mm
데크의 평균 골 폭	$b_o = 160$ mm
데크 골 높이	= 300 mm
데크 두께	$t = 0.9$ mm
프로파일위의 슬래프 깊이	$h_c = 70$ mm
철근메쉬의 위치	슬래브 표면에서 35 mm 아래
전단스터드 (골당 2개)	직경 19 mm, 공칭높이 100 mm
스터드 수직간격:	100 mm

2.2 개구부

300 × 500 mm 크기의 두 개의 직사각형 개구부의 단부 간격은 400 mm

300 mm 직경의 두 개의 원형 개구부의 단부 간격은 150 mm

2.3 보의 단면 물성

457 × 191 × 74 kg/m UKB 보 크기:

h	= 457 mm
A	= 94.6 cm^2
b_f	= 190 mm
I_y	= 33300 cm^4
t_f	= 14.5 mm
$W_{pl.y}$	= 1650 cm^3
t_w	= 9.0 mm
r	= 10.2 mm

2.4 재료물성

S355강재 $f_y = 355$ N/mm^2

콘크리트 등급 C30/37	f_{ck} = 30 N/mm^2 (보통콘크리트)
배근	BS 4483의 A252메쉬
전단스터드	f_u = 450 N/mm^2 직경 19 mm, BS EN ISO 13918의 SD1 타입

3 하중

3.1 시공단계

지속하중

보 자중	0.75 kN/m ≡ 0.25 kN/m^2
데크 자중	0.1 kN/m^2
메쉬 자중	0.05 kN/m^2
총지속하중	g_k = 0.4 kN/m^2

변동하중

건조 전 콘크리트 중량	2.55 kN/m^2 (25 kN/m^3 × 0.102 m^2/m)
시공하중	0.75 kN/m^2
총변동하중	q_k = 3.3 kN/m^2

3.2 합성단계

지속하중

보 자중	0.25 kN/m^2
데트 자중	0.1 kN/m^2
메쉬 자중	0.05 kN/m^2
슬래브 자중	2.45 kN/m^2 (24 kN/m^3 × 0.102 m^2/m)
마감, 서비스 하중 등	1.3 kN/m^2
총지속하중	g_k = 4.15 kN/m^2

변동하중

적재 하중	q_k = 5.0 kN/m^2

3.3 하중 부분계수

지속하중의 부분계수	γ_G = 1.35
변동하중의 부분계수	γ_Q = 1.50

감소계수 ξ $= 0.925$

3.4 설계조합하중

시공단계 $\gamma_G g_k + \gamma_Q q_k$

$= 0.4 \times 1.35 + 3.3 \times 1.5 = 5.49$ kN/m²

합성단계 $\gamma_G \xi g_k + \gamma_Q q_k$

$= 1.35 \times 0.925 \times 4.15 + 1.5 \times 5.0 = 12.68$ kN/m²

3.5 설계휨모멘트 및 설계전단력

시공단계

최대 전단력 $V_{Ed} = 5.49 \times 3 \times 10/2 = 82.4$ kN

최대 모멘트(보 중앙부) $M_{Ed} = 5.49 \times 3 \times 10^2/8 = 206$ kNm

합성단계

최대 전단력 $V_{Ed} = 12.68 \times 3 \times 10/2 = 190$ kN

최대 모멘트(보 중앙부) $M_{Ed} = 12.68 \times 3 \times 10^2/8 = 476$ kNm

4 전단접합

4.1 전단연결재강도

전단머리 스터드 전단연결재의 전단강도는 다음중 작은 값으로 한다:

$P_{Rd} = 0.8 f_u(\pi d^2 / 4) / \gamma_v$

$P_{Rd} = 0.29\, \alpha d^2 \sqrt{f_{ck} E_{cm}} / \gamma_v$

여기서:

E_{cm} $= 33$ kN/m²

f_u $= 450$ N/mm²

γ_v $= 1.25$

h_{sc}/d $= 100/19 = 5.3$ (>4). 따라서 $\alpha = 1$.

$$P_{Rd} = \frac{0.8 \times 450 \times \pi \times 19^2 / 4}{1.25} \times 10^{-3} = 81.7 \text{ kN, 또는}$$

$$P_{Rd} = \frac{0.29 \times 1 \times 19^2 \sqrt{30 \times 33 \times 1000}}{1.25} \times 10^{-3} = 83.3 \text{ kN}$$

따라서, 솔리드 슬래브에 있는 전단연결재의 전단강도 $P_{Rd} = 81.7$ kN 이다.

데크 프로파일–보와 직교하는 데크 리브에 의한 감소계수:

$$k_t = \left(\frac{0.7}{\sqrt{n_r}}\right)\left(\frac{b_o}{h_p}\right)\left(\frac{h_{sc}}{h_p} - 1\right)$$

$$= \left(\frac{0.7}{\sqrt{2}}\right)\left(\frac{160}{60}\right)\left(\frac{100}{60} - 1\right) = 0.88$$

하지만, $n_r = 2$ 이고 쉬트 두께가 1.0 mm 이하일 때, k_t 의 상한값은 0.7 이다. 따라서 $k_t = 0.7$ 이며 데크 리브당 둘씩 배치된 전단연결재 한 개의 전단강도는:

$P_{Rd} = 81.7 \times 0.7 = 57.2$ kN

PN001문서에서는 메쉬와 스터드 머리의 상대적인 위치를 고려하여 더 많이 감소하지만 여기서는 적용하지 않는다.

4.2 전단연결재 개수

최대 모멘트 지점(경간 중간)

전체 경간의 전단연결재간극 개수(단부간극에 300mm 허용)

$$\frac{10000 - 2 \times 300}{300} = 31.33 \text{ 또는 } 31 \text{ (반올림 값)}$$

따라서 경간절반(모멘트가 영인 지점과 최대 모멘트지점 사이)에 배치되는 전단연결재의 개수 $n = (15 + 1) \times 2 = 32$

1번 및 2번 직사각형 개구부

1번 직사각형 개구부의 중심선까지의 전단연결재간극의 개수

$= (2050 - 300) / 300 = 5$

따라서 전단연결재의 개수 $n_{sc,1} = 6 \times 2 = 12$

동일한 계산으로 $n_{sc,2} = 9 \times 2 = 18$

1번 및 2번 개구부 구간

직사각형 개구부 구간의 전단연결재간극 개수 $= \dfrac{500}{300} = 1.67$

$n_{sc,o1}$ 와 $n_{sc,o2}$ 는 근사 정수가 아닌 정확한 값을 사용한다. 두 개구부의 전단연결재 개수 $n_{sc,o} = 3.3$.

직사각형 개구부 사이
직사각형 개구부 사이의 전단연결재 개수

$$n_{sc,1\text{-}2} = \frac{900}{300} = 3 \text{ (중심간 거리)}$$

따라서 개구부 중심선 사이의 전단연결재간극의 개수 $n_{sc,1\text{-}2} = 3 \times 2 = 6$

3번 및 4번 원형 개구부
등가 직사각형 개구부의 길이 $\ell_e = 0.45h_o = 0.45 \times 300 = 135$ mm

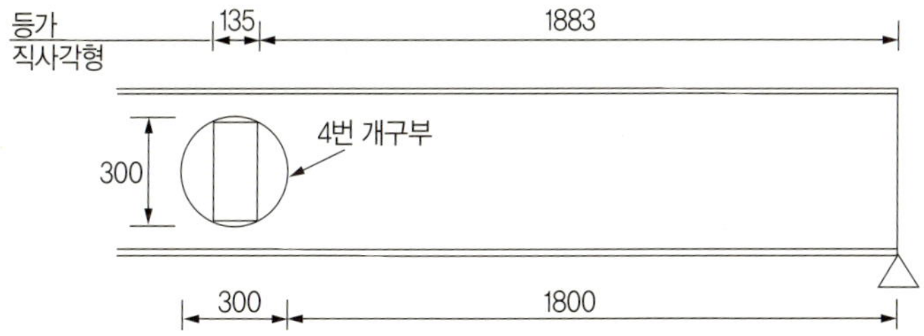

지점으로부터 300mm구간을 제외하고, 지점부터 4번 개구부 중심선까지의 전단연결재간극 개수 = (1800 +300 / 2 − 300) / 300 = 5.5

그러므로, $n_{sc,4} = 2 \times 6 = 12$

동일한 계산으로 $n_{sc,3} = 2 \times 8 = 16$

3번과 4번 원형 개구부 사이
3번과 4번 원형 개구부 사이 전단연결재간극 개수(중심간 거리)

$$= \frac{450}{300} = 1.5$$

그러므로, 개구부 사이 전단연결재 개수 $n_{sc,3\text{-}4} = 1.5 \times 2 = 3$

3번 및 4번 개구부 구간

$$원형\ 개구부\ 구간의\ 전단연결재\ 개수 = \frac{135}{300} < 1$$

보수적인 해석을 위해 원형 개구부 구간에 전단연결재가 존재하지 않는 것으로 가정 즉,

$n_{sc,o4} = n_{sc,o3} = 0$

4.3 전단접합 상세

스터드의 수직간격 $b_0 = 100$ mm (99쪽) > $4d = 76$ mm

프로파일 어깨 위 스터드의 공칭높이= 100 − 60 = 40 mm

요구 최소높이 = $2d = 2 \times 19 = 38$ mm 만족

5 보 중앙부의 휨강도(합성단계)

스터드 간격 b_0를 제외한 보 중앙부의 압축플랜지 유효폭:

b_{eff} = span / 4 = 2.5 m < 3 m (보 간격)

슬래브의 압축강도

$$N_{c,s,Rd} = \frac{0.85 f_{ck} b_{eff} h_c}{\gamma_c}$$

$$= \frac{0.85 \times 30 \times 2500 \times 70}{1.5} \times 10^{-3} = 2975 \text{ kN}$$

강재 단면의 인장강도

$$N_{a,Rd} = \frac{A f_y}{\gamma_{M0}} = \frac{9460 \times 355}{1.0} \times 10^{-3} = 3358 \text{ kN}$$

$N_{a,Rd} > N_{c,s,Rd}$ 이므로 소성중립축은 강재 단면에 위치한다

전단연결정도

$N_{c,max} = n\,P_{Rd} = 32 \times 57.2 = 1830$ kN

보 중앙부의 전단연결정도는:

$$\eta = \frac{N_{c,max}}{N_{c,s,Rd}} = \frac{1830}{2975} = 0.62$$

전단연결정도 제한:

25m 이하의 등가 경간 L_e 에 대해, 전단연결재가 둘씩 존재하는 대칭단면의 η 제한:

$$\eta \geq 1 - \left(\frac{355}{f_y}\right)(0.75 - 0.03L_e) \geq 0.4$$

$$\eta \geq 1 - \left(\frac{355}{355}\right)(0.75 - 0.03 \times 10) = 0.55$$

실제 전단연결정도가 0.62로 0.55를 초과하므로, 최소전단연결정도를 만족한다.

완전합성의 휨강도

강재 플랜지의 인장강도:

$$N_{f,Rd} = \frac{b_f t_f f_y}{\gamma_{M0}} = \frac{190 \times 14.5 \times 355}{1.0} \times 10^{-3} = 978 \text{ kN}$$

웨브의 인장강도

$$N_{w,Rd} = N_{a,Rd} - 2\,N_{f,Rd} = 3358 - 2 \times 978 = 1402 \text{ kN}$$

$N_{a,Rd} > N_{cm,Rd}$, $N_{w,Rd} < N_{cm,Rd}$ 이므로 소성중립축은 강재 플랜지에 위치한다.

상부 플랜지의 모멘트

$$\begin{aligned} M_{pl,Rd} &\approx N_{cm,Rd}\,(h_s + h_p)/2 + N_a\,h/2 \\ &= [2975 \times (130 + 60)/2 + 3358 \times 457/2\,] \times 10^{-3} \\ &= 1050 \text{ kNm} \end{aligned}$$

부분전단접합의 휨강도

부분전단접합에 대해, 합성단면의 휨강도는 강재 단면과 완전합성된 합성단면의 휨강도를 보간하여 구한다.

강재단면의 휨강도:

$$M_{pl,a,Rd} = W_{pl,y}\frac{f_y}{\gamma_{M0}} = 1650 \times 355 \times 10^{-3} = 586 \text{ kNm}$$

선형보간 적용:

$$M_{Rd} = M_{pl,a,Rd} + \eta\,(M_{pl,Rd} - M_{pl,a,Rd})$$
$$= 586 + 0.61 \times (1050 - 586) = 869 \text{ kNm}$$

$M_{Rd} = 869$ kNm $> M_{Ed} = 476$ kNm 이므로 보 중앙부의 설계휨강도를 만족한다.

6 3번 및 4번 원형 개구부의 보 설계

6.1 치수 데이터

가까운 보 단부로부터 개구부 중심까지의 거리는
$x_{0,4} = 1.95$ m, $x_{0,3} = 2.4$ m 이다

개구부 직경 = 300 mm

등가 직사각형 개구부의 높이 $h_{eo} = 0.9\,h_o = 0.9 \times 300 = 270$ mm

비렌딜휨에 대한 등가 직사각형 개구부의 길이:
$\ell_e = 0.45 \times 300 = 135$ mm

T단면의 등급에 대한 유효개구부길이
$\ell_{o,eff} = 0.7\,h_o = 0.7 \times 300 = 210$ mm

두 T단면 각각의 면적
$A_T = (A - h_0 t_w)/2 = (9460 - 270 \times 9.0)/2 = 3515$ mm^2

단면의 깊이 $h = (h - h_{eo})/2 = (457 - 270)/2 = 93.5$ mm

T단면 웨브의 깊이 $h_{w,T} = h_T - t_f = 93.5 - 14.5 = 79$ mm

플랜지 외측면부터 탄성중립축 까지의 깊이

$$z_{el} = \frac{b_f t_f^2/2 + (t_f + h_{w,T}/2)\, h_{w,T} t_w}{A_T}$$

T단면의 필렛을 무시하면:

$$z_{el} = \frac{190 \times 14.5^2/2 + (14.5 + 79/2) \times 79 \times 9.0}{190 \times 14.5 + 79 \times 9.0} = 17 \text{ mm}$$

T단면 중심간의 유효깊이 $h_{eff} = 457 - 2 \times 17 = 423$ mm

6.2 설계 효과

4번 개구부 중심부($x_{0,4} = 1.95$ m) 의 휨모멘트는:

$M_E = 190 \times 1.95 - 12.69 \times 3 \times 1.95^2/2 = 299$ kNm

동일한 계산으로 3번 개구부의 $M_{Ed} = 347$ kNm

4번 등가개구부 단부의 전단력

$V_{Ed} = 190 - 12.69 \times 3 \times (1.95 - 0.135/2) = 119$ kN

개구부 사이 중간부분($x_{3\text{-}4} = 2.175$)의 전단력

$V_{Ed} = 190 - 12.69 \times 3 \times 2.175 = 107$ kN

6.3 단면등급

슬래브의 정착으로 인해 상부 플랜지는 등급 2에 해당된다(보를 따라 전단연결재가 300mm간격으로 돌출부 중간에 위치).

비렌딜휨(축압축력 무시)에 대한 상부 T단면 웨브의 단면등급

깊이와 무관하게 등급 2의 웨브 조건은:

$\ell_{o,eff} < 32\,\varepsilon\, t_w$

여기서

$\varepsilon = \sqrt{235 / f_y} = \sqrt{235 / 355} = 0.81$

따라서 $32\,\varepsilon\, t_w = 32 \times 0.81 \times 9.0 = 233$ mm > $\ell_{o,eff} = 210$ mm

비렌딜휨에 대해 T단면 등급 2에 해당된다.

T단면의 인장력을 고려치 않으면(고려할 경우 단면등급을 상향시킨다), 하부 T단면도 등급 2에 해당된다.

6.4 원형 개구부 중심선에서의 휨강도

하부 T단면의 인장강도는 다음과 같다:

$$N_{bT,Rd} = \frac{A_{bT} f_y}{\gamma_{M0}} = \frac{3515 \times 355}{1.0} \times 10^{-3} = 1250\text{kN}$$

개구부 유효슬래브폭의 압축강도는:

$N_{c,Rd} = \min\{0.85 f_{cd} b_{eff,o} h_c;\ n_{sc} P_{Rd}\}$

b_o 를 무시하면, 유효폭은:

$b_{eff,o} = 3L_e / 16 + x / 4$ $\qquad$ $x \le L_e / 4$ 일때

단부 지점에서 4번 개구부 중심까지의 거리 $x_{0,4} = 1950$ mm

$b_{eff,o} = 3 \times 10000/16 + 1950/4 = 2363$ mm

$n_{sc,4} = 12$

따라서

$N_{c,Rd} = \min\{0.85 \times (30/1.5) \times 2363 \times 70;\ 12 \times 57.2\}$

$\quad = \min\{2811;\ 686\} = 686$ kN

따라서 소성중립축은 상부 T단면 플랜지에 있다(3.2절의 경우 2). 그러므로 소성휨강도는 다음과 같다:

$M_{c,Rd} = N_{bT,Rd} h_{eff} + N_{c,Rd}\,(z_t + h_s - 0.5 h_c)$

$z_t = z_{el} = 17$ mm

$M_{c,Rd} = [1250 \times 423 + 686 \times (17 + 130 - 0.5 \times 70)] \times 10^{-3}$

$\quad = 605$ kNm

이 휨강도는 3번 및 4번 개구부에 모두 적절하다

전체 휨, 4번 개구부의 비렌딜휨과 전단력, 하부 T단면의 설계인장력의 동시 존재를 고려하여야 한다.

경우 2에 대해, $N_{bT,Ed}$ 값은 다음과 같다($N_{c,Rd}$를 넘지 않을 때, 3.2절 참조)

$$N_{bT,Ed} = \frac{M_{Ed}}{(h_{eff} + z_t + h_s - 0.5z_c)}$$

$$N_{bT,Ed} = \frac{299}{(423 + 17 + 130 - 0.5 \times 70)} \times 10^3 = 559 \text{ kN}$$

슬래브의 압축강도가 686 kN 이므로 개구부에서 축압축력을 지지하기 위한 상부 T단면의 요구조건은 없다. (만약 하부 T단면의 인장력이 슬래브 강도보다 크면, 식 (10)을 사용하여 하부 T단면의 응력과 상부 T단면의 압축력을 산정한다.)

6.5 개구부가 있는 합성보단면의 전단강도

설계 전단강도는 상하부 T단면의 강도와 콘크리트 슬래브 강도의 합이다:

$V_{Rd} = V_{t,Rd} + V_{b,Rd} + V_{c,Rd}$

T단면의 소성전단강도는 다음과 같다:

$$V_{pl,Rd} = \frac{A_v f_y / \sqrt{3}}{\gamma_{M0}}$$

여기서 $A_v = A - b_f t_f + (2r + t_w) \times 0.5 \times t_f$

소성전단강도에서는 원형 개구부의 전체 높이를 고려하며 면적은 다음과 같다:

$A_T = (A - h_0 t_w) / 2 = (9460 - 300 \times 9.0)/2 = 3380 \text{ mm}^2$

$A_v = 3380 - 190 \times 14.5 + (2 \times 10.2 + 9.0) \times 7.25 = 838 \text{ mm}^2$

$$V_{t,Rd} = V_{b,Rd} = \frac{838 \times 355 / \sqrt{3}}{1.0} = 172 \text{ kN}$$

개구부 콘크리트 슬래브의 전단강도:

$V_{c,Rd} = [C_{Rd,c}\, k\, (100\rho_1 f_{ck})^{1/3} + k_1 \sigma_{cp}] b_w d$

최소값은:

$V_{c,Rd} = [v_{min} + k_1\sigma_{cp}]\, b_w d$

슬래브의 유효폭 $b_w = b_f + 2\, h_{s,eff}$
$h_{s,eff} = 0.75\, h_s = 0.75 \times 130 = 97.5$ mm
$b_w = 190 + 2 \times 97.5 = 385$ mm

$C_{Rd,c} = \dfrac{0.18}{\gamma_c} = \dfrac{0.18}{1.5} = 0.12$ 그리고 $k_1 = 0.15$

$k = 1 + \sqrt{\dfrac{200}{d}}$ 하지만 2.0 이하

전단에 대한 슬래브 유효깊이 $d = h_c = 70$ mm

$k = 1 + \sqrt{\dfrac{200}{70}} = 2.69 > 2$ 이다. 따라서 $k = 2$

철근비

$$\rho_1 = \frac{A_{sl}}{b_w d} = \frac{252}{1000 \times 70} = 0.0035 > 0.02$$

$V_{c,Rd}$ 식의 첫 번째 항의 값은:
$C_{Rd,c}k(100\rho_1 f_{ck}) = 0.12 \times 2 \times (100 \times 0.0035 \times 30)^{1/3} = 0.52$ N/mm^2

최소값 v_{min} 식의 첫 번째 항의 값은:
$v_{min} = 0.035k^{3/2}f_{ck}{}^{1/2} = 0.035 \times 2^{3/2} \times \sqrt{30} = 0.54$ N/mm^2

따라서 0.54 N/mm^2 를 사용한다

위에서(109쪽) 상부 T단면에 압축력이 없는 것으로 가정할 때, 개구부 슬래브가 받는 힘은 하부 T단면이 받는 힘 556 kN과 같다

유효폭 $b_{eff} = 2363$ mm 에 압축력이 작용한다:
$A_c = h_c\, b_w = 70 \times 1876 = 131 \times 10^3$ mm^2

$$\sigma_{cp} = \frac{556 \times 10^3}{2363 \times 70} = 3.36 \text{ N/mm}^2$$

$k_1\sigma_{cp} = 0.15 \times 3.36 = 0.50\ \text{N/mm}^2$

콘크리트의 총전단강도는:
$V_{c,Rd} = (0.54 + 0.50) \times 385 \times 70 \times 10^{-3} = 28\ \text{kN}$

따라서$V_{Rd} = V_{c,Rd} + V_{t,Rd} + V_{b,Rd} = 28 + 172 + 172 = 372\ \text{kN}$

이 값은 4번 개구부의 설계전단강도 $V_{Ed} = 119\ \text{kN}$ 를 넘는다.

6.6 T단면의 휨강도:

전단력 분포 가정
초기값으로 전단력 V_{Ed} 의 50%를 T단면이 각각 지지한다고 가정한다.

각 T단면의 전단력(119/2= 59.5 kN)이 $0.5V_{pl,Rd}$ 보다 작으므로, 소성휨강도와 축강도를 산정할 때 웨브의 두께를 감소시킬 필요가 없다.

만약 하부 T단면의 전단력이 T단면을 지나는 비렌딜휨강도에 의해 제한되면, 전단력 분포를 다시 가정해야 한다.

소성휨강도
등급 2단면에 대해, 축력이 없고 전단이 클 때 비보강된 T단면의 소성휨강도는 다음과 같다:

$$M_{pl,Rd} = \frac{A_{w,T}f_y}{\gamma_{M0}}(0.5h_{w,T} + t_f - z_{pl}) + \frac{A_f f_y}{\gamma_{M0}}(0.5t_f - z_{pl} + z_{pl}^2/t_f)$$

플랜지 외측 면부터 T단면 소성중립축까지 깊이:

$$z_{pl} = \frac{(A_f + A_{w,T})}{2b_f} = \frac{190 \times 14.5 + 79 \times 9.0}{2 \times 190} = 9.1\ \text{mm}$$

따라서:

$$M_{pl,Rd} = \frac{79 \times 9 \times 355}{1.0}(0.5 \times 79 + 14.5 - 9.1) \times 10^{-6}$$

$$+\frac{190 \times 14.5 \times 355}{1.0}(0.5 \times 14.5 - 9.1 + 9.1^2 / 14.5) \times 10^{-6}$$

$= 15.1$ kNm

축인장력을 받을 때 하부 T단면의 소성휨강도는 다음과 같이 감소된다:

$$M_{bT,N,Rd} = M_{pl,N,Rd} = M_{pl,Rd}\left[1 - \left(\frac{N_{Ed}}{N_{pl,Rd}}\right)^2\right]$$

여기서 $N_{Ed} = 559$ kN, $N_{pl,Rd} = N_{bT,Rd} = 1250$ kN

따라서 $M_{bT,N,Rd} = 15.1 \times (1 - (559/1250)^2) = 12.1$ kNm

축력을 받을 때 상부 T단면의 소성강도는 감소되지 않으므로:
$M_{tT,N,Rd} = 15.1$ kNm

합성휨강도

가장 불리한 경우는 원형 개구부 구간에 전단연결재가 없고 국부합성거동의 발현이 없을 때이다. 따라서 합성거동에 의한 비렌딜휨강도 성분을 제외한다(즉 $M_{vc,Rd} = 0$).

6.7 비렌딜휨강도 검토

비렌딜휨강도의 적절 여부는 다음의 식으로 평가한다:
$2M_{bT,NV,Rd} + 2M_{tT,NV,Rd} + M_{vc,Rd} \geq V_{Ed}\ell_e$

위의 값을 사용하면:
$2 \times 12.1 + 2 \times 15.1 + 0 = 54.2$ kNm $> 119 \times 0.135 = 16.1$ kNm 만족

6.8 3번과 4번 개구부 사이 웨브포스트의 전단, 휨 및 좌굴

좁은 간격의 원형 개구부는 웨브포스트의 전단강도, 휨강도, 좌굴강도가 지배요소이다. 각각의 강도에 대한 검토가 필요하다(T단면 사이의 전단분포가 큰 차이가 있을 경우에는 웨브포스트 좌굴만이 취약요소이다).

웨브포스트 휨강도

웨브포스트의 탄성휨강도(원형 개구부 사이 중간 높이에서):

$$M_{wp,Rd} = s_o^2\, t_w f_y / 6 = (450-300)^2 \times 9.0 \times 355 \times 10^{-6} / 6$$
$$= 11.9 \text{ kNm}$$

T단면이 동일한 전단력을 받고 슬래브에 전단력이 작용하지 않을 때의 비렌딜 휨강도는 위에서 검토하였기에 중간높이에서 웨브포스트의 모멘트 $M_{wp,Ed} = 0$이다. 따라서 원형 개구부의 상하부 T단면의 휨강도에 대한 검토는 필요치 않다.

웨브포스트 전단강도

하부 T단면의 증가하중과 같은 크기의 힘이 슬래브에 발현될 수 있도록 충분히 전단접합 되었는지 확인한다.

$V_{wp,Ed} \le \Delta N_{cs,Rd}$ 이면 충분한 전단접합이다

$$V_{wp,Ed} = \frac{V_{Ed}\, s}{(h_{eff} + z_t + h_s - 0.5h_c)}$$

개구부 사이 중간의 V_{Ed} 를 구한다

$$V_{wp,Ed} = \frac{107 \times 450}{(423 + 17 + 130 - 0.5 \times 70)} = 90 \text{ kN}$$

$$\Delta N_{cs,Rd} = n_{sc,s} P_{Rd}$$

$n_{sc,3\text{-}4} = 3$ 일 때

$$\Delta N_{cs,Rd} = 3 \times 57.2 = 171 \text{ kN}$$

그러므로, 개구부 중심선 사이는 충분히 전단접합 되었다.

웨브포스트의 전단강도

웨브포스트의 수평전단력은 다음과 같다:

$$V_{wp,Rd} = \frac{(s_o t_w) f_y / \sqrt{3}}{\gamma_{M0}} = 150 \times 9.0 \times 0.577 \times 355 \times 10^{-3}$$
$$= 276 \text{ kN} > V_{wp,Ed} = 90 \text{ kN}$$

웨브포스트 좌굴강도

웨브포스트의 유효수평력에 의한 압축력을 고려하여 웨브포스트 좌굴을 다룬다.

개구부가 웨브 깊이 중심에 위치하고 중간높이의 웨브포스트 모멘트 요구값 $M_{wp,Ed} = 0$ 이므로 $N_{wp,Ed} = V_{wp,Ed}$ 이다.

따라서 $N_{wp,Ed} = 90$ kN

3번과 4번 개구부 사이의 안목거리는 150 mm이며, 이는 h_o 보다 작으므로 '좁은 간격의 개구부'로 분류된다(3.5절 참조)

웨브포스트의 무차원 세장비:

$$\bar{\lambda} = \frac{1.75\sqrt{s_o^2 + h_o^2}}{t_w} \frac{1}{\lambda_1}$$

S355 일 때, $\lambda_1 = 76$

$$\bar{\lambda} = \frac{1.75\sqrt{150^2 + 300^2}}{9.0} \frac{1}{76} = 0.86$$

휨좌굴에 대한 감소계수는 다음의 계수 Φ 를 사용하여 산정한다: :
$\Phi = 0.5\,(1 + a\,(\bar{\lambda} - 0.2) + \bar{\lambda}^2)$:

$a = 0.49$일 때, 용접 단면에 대해 좌굴곡선 c를 사용한다.

따라서: $\Phi = 0.5\,(1 + 0.49\,(0.86 - 0.2) + 0.86^2) = 1.03$

감소계수 χ 는 다음과 같다:

$$\chi = \frac{1}{\Phi + (\Phi^2 - \bar{\lambda}^2)^{0.5}}$$

$$= \frac{1}{1.03 + (1.03^2 - 0.86^2)^{0.5}} = 0.63$$

$$N_{wp,Rd} = \chi \frac{s_o t_w f_y}{\gamma_{M1}}$$

$$N_{wp,Rd} = \frac{0.63 \times 150 \times 9 \times 355}{1.0} \times 10^{-3}$$

$= 302\ \mathrm{kN} > N_{\mathrm{wp,Ed}} = 90\ \mathrm{kN}$ 만족.

7 1번 및 2번 직사각형 개구부의 보 설계

7.1 치수 데이터

가까운 보 단부로부터 개구부 중심까지의 거리는
$x_{0,1} = 2.05\ \mathrm{m}$, $x_{0,2} = 2.95\ \mathrm{m}$ 이다.

개구부 높이 $h_0 = 300\ \mathrm{mm}$

두 T단면 각각의 면적
$A_{\mathrm{T}} = (A - h_0 t_{\mathrm{w}})/2 = (9460 - 300 \times 9.0)/2 = 3380\ \mathrm{mm}^2$

T단면의 깊이 $h_{\mathrm{T}} = (h - h_0)/2 = (457 - 300)/2 = 78.5\ \mathrm{mm}$

T단면 웨브의 깊이 $h_{\mathrm{w,T}} = h_{\mathrm{T}} - t_{\mathrm{f}} = 78.5 - 14.5 = 64\ \mathrm{mm}$

플랜지 외측면부터 탄성중립축까지의 깊이

$$z_{\mathrm{el}} = \frac{b_{\mathrm{f}} t_{\mathrm{f}}^2 / 2 + (t_{\mathrm{f}} + h_{\mathrm{w,T}} / 2)\, h_{\mathrm{w,T}} t_{\mathrm{w}}}{A_{\mathrm{T}}}$$

T단면의 필렛을 무시하면:

$$z_{\mathrm{el}} = \frac{190 \times 14.5^2 / 2 + (14.5 + 64 / 2) \times 64 \times 9.0}{190 \times 14.5 + 64 \times 9.0} = 14.0\ \mathrm{mm}$$

T단면 중심간의 유효깊이 $h_{\mathrm{eff}} = 457 - 2 \times 14 = 429\ \mathrm{mm}$

T단면의 단면등급을 위한 개구부 유효깊이 $\ell_{\mathrm{o,eff}} = 500\ \mathrm{mm}$.

7.2 설계 효과

1번 개구부 중심부($x_{0,1} = 2050\ \mathrm{mm}$)의 휨모멘트는:
$M_{\mathrm{Ed}} = 190 \times 2.05 - 12.69 \times 3 \times 2.05^2/2 = 310\ \mathrm{kNm}$

동일한 계산으로 2번 개구부의 모멘트는 395 kNm이다

1번 개구부 단부($x_{0,1}$ = 0.500/2) 의 전단력은:
$V_{Ed} = 190 - 12.69 \times 3 \times (2.05 - 0.250) = 121$ kN

동일한 계산으로 2번 개구부의 전단력은 87 kN이다

개구부 사이 중간 부분의 전단력은 95 kN이다

7.3 단면등급

슬래브의 정착으로 인해 상부플랜지는 등급 2에 해당된다.

상부 T단면 웨브의 단면등급
비렌딜휨(축압축력 무시)에 대한 상부 T단면 웨브의 단면등급:

비보강된 웨브의 등급 2 조건은 깊이와 무관:
$\ell_{o,eff} < 32\, \varepsilon\, t_w$

106쪽으로부터 제한값 $\ell_{o,eff}$ =210 mm 이며, 등급 2의 제한깊이를 결정해야 한다.

T단면 웨브의 제한깊이는:

$$\frac{10 t_w \varepsilon}{\sqrt{1-\left(\frac{32 t_w \varepsilon}{\ell_{o,eff}}\right)^2}} = \frac{10 \times 9.0 \times 0.81}{\sqrt{1-\left(\frac{32 \times 9.0 \times 0.81}{500}\right)^2}} = 82 \text{ mm} > h_w = 64 \text{ mm}$$

따라서 1번 및 2번 직사각형 개구부의 T단면은 등급 2에 해당한다.

7.4 직사각형 개구부 중심선에서의 휨강도

비보강된 개구부
하부 T단면의 인장강도는:

$$N_{bT,Rd} = \frac{A_{bT} f_y}{\gamma_{M0}} = \frac{3380 \times 355}{1.0} \times 10^{-3} = 1200 \text{ kN}$$

개구부 유효슬래브폭의 압축강도는:
$N_{c,Rd} = \min\{0.85 f_{cd} b_{eff,o} h_c;\ n_{sc} P_{Rd}\}$

b_o 를 무시하면, 유효폭은:

$b_{eff,o} = 3L_e / 16 + x / 4$ $\quad$ $x \leq L_e/4$ 일 때

단부 지점에서 1번 개구부 중심까지의 거리 $x_{0,1} = 2050$ mm 이다

$b_{eff,o} = 3 \times 10000/16 + 2050/4 = 2388$ mm

$n_{sc,1} = 12$

따라서

$N_{c,Rd} = \min\{0.85 \times (30/1.5) \times 2388 \times 70;\ 12 \times 57.2\}$

$= \min\{2842;\ 686\} = 686$ kN

2번 개구부에서 $n_{sc,2} = 18$이다

따라서 소성중립축은 상부 T단면 플랜지에 있다(3.2의 경우 2). 그러므로 소성 휨강도는 다음과 같다:

$M_{o,Rd} = N_{bT,Rd}h_{eff} + N_{c,Rd}\,(z_t + h_s - 0.5h_c)$

$M_{o,Rd} = [1200 \times 429 + 686 \times (14 + 130 - 0.5 \times 70)] \times 10^{-3}$

$= 590$ kNm

이 휨강도는 1번 및 2번 개구부에 모두 적절하다.

전체 휨, 1번 개구부의 비렌딜휨과 전단력(2번 개구부보다 큰 전단을 받음), 하부 T단면의 설계 인장력의 동시존재를 고려하여야 한다.

경우 2에 대해, $N_{bT,Ed}$ 값은 다음과 같다($N_{c,Rd}$를 넘지 않을 때, 3.2절 참조)

$$N_{bT,Ed} = \frac{M_{Ed}}{(h_{eff} + z_t + h_s - 0.5z_c)}$$

$$N_{bT,Ed} = \frac{310}{(429 + 14 + 130 - 0.5 \times 70)} \times 10^3 = 576 \text{ kN 1번 개구부}$$

슬래브의 압축강도는 686 kN 이므로 개구부에서 축압축력을 지지하기 위한 상부 T단면의 요구조건은 없다. (만약 하부 T단면의 인장력이 슬래브 강도보다 크면, 식 (10)을 사용하여 하부 T단면의 힘과 상부 T단면의 압축력을 산정한다.)

부록 A CHAPTER 09 The Steel Construction Institute

동일한 계산으로부터 2번 개구부의 $N_{bT,Ed}$ = 734 kN으로 $N_{c,Rd}$ ($n_{sc,2}$ = 18일 때, 1030 kN)보다 큰 값을 갖는다. 따라서 식 (8)을 사용한다.

7.5 개구부가 있는 합성보단면의 전단강도

원형 개구부에서와 같이:
$V_{pl,Rd}$ = 172 kN (각각의 T단면)

전단에 대한 슬래브의 유효폭은 원형 개구부에서와 같다:
b_w = 385 mm

전단강도에 대한 콘크리트 깊이= 70 mm

상부 T단면이 응력을 받지 않으며, 유효폭 2388 mm에 대한 1번 개구부 콘크리트의 응력은 :

$$\sigma_{cp} = \frac{N_{bT,Ed}}{b_{eff,0}d} = \frac{576 \times 10^3}{2388 \times 70} = 3.44 \text{ N/mm}^2$$

따라서 $k_1\sigma_{cp} = 0.15 \times 3.44 = 0.52$ N/mm²

그러므로 콘크리트의 전단강도는:
$V_{c,Rd} = (0.54 + 0.52) \times 385 \times 70 \times 10^{-3} = 28$ kN 1번 개구부 일때

동일한 계산으로 2번 개구부의 $V_{c,Rd}$ = 32 kN이다

7.6 비보강된 T단면의 휨강도

전단력 분포에 관한 초기가정
초기값으로 전단력 V_{Ed} 의 50% 를 T단면이 각각 지지한다고 가정한다.

이후 하부 T단면의 비렌딜휨에 의해 전달되는 전단력에 따라 전단력 분포를 다시 가정해야 한다. 재분포의 크기는 개구부 중간 높이의 웹포스트 모멘트를 최소화 시킬수 있도록 제한된다; 가정한 전단강도 $M_{Wp,Ed} = 0$의 적절함은 7.8절에서 검증한다.

각 T단면의 전단력(121/2 = 60.5 kN)이 $0.5V_{pl,Rd}$ 보다 작으므로, 소성휨강도

와 축강도를 산정할 때 웨브의 두께를 감소시킬 필요가 없다.

소성휨강도

축력을 받지 않고 큰 전단력을 받는 등급 2 단면의 비보강된 소성휨강도는:

$$M_{pl,Rd} = \frac{A_{w,T} f_y}{\gamma_{M0}} (0.5h_{w,T} + t_f - z_{pl}) + \frac{A_f f_y}{\gamma_{M0}} (0.5t_f - z_{pl} + z_{pl}^2/t_f)$$

플랜지 외측면부터 T단면의 소성중립축까지의 깊이는:

$$z_{pl} = \frac{(A_f + A_{w,T})}{2b_f} = \frac{190 \times 14.5 + 64 \times 9.0}{2 \times 190} = 8.8 \text{ mm}$$

따라서:

$$M_{pl,Rd} = \frac{64 \times 9 \times 355}{1.0} (0.5 \times 64 + 14.5 - 8.8) \times 10^{-6}$$

$$+ \frac{190 \times 14.5 \times 355}{1.0} (0.5 \times 14.5 - 8.8 + 8.8^2 / 14.5) \times 10^{-6}$$

$$= 11.4 \text{kNm}$$

축인장력이 존재할 때 하부 T단면의 소성휨강도는 다음과 같이 감소된다:

$$M_{bT,N,Rd} = M_{pl,N,Rd} = M_{pl,Rd}\left[1 - \left(\frac{N_{Ed}}{N_{pl,Rd}}\right)^2\right]$$

1번 개구부에서 $N_{Ed} = 576$ kN

2번 개구부에서 $N_{Ed} = 734$ kN

$N_{b,Rd} = N_b = 1200$ kN

따라서 1번 개구부에서 $M_{bT,N,Rd} = 11.4 \times (1 - (576/1200)^2) = 8.8$ kNm 이고, 2번 개구부에서 $M_{bT,N,Rd} = 11.4 \times (1 - (734/1200)^2) = 7.1$ kNm 이다

합성비렌딜휨강도

전단연결재에 의해 슬래브에 발현되는 압축력은:

$\Delta N_{c,Rd} = n_{sc,0} P_{Rd} = 3.3 \times 57.2 = 188$ kN

비보강된 개구부에 대해, 개구부 길이에 의한 감소계수 k_o 는:
$k_o = 1 - \ell_o/(25h_t) = 1-500/(25 \times 78.5) = 0.75$

여기서 h_t = 상부 T단면의 깊이 = 78.5 mm 이다

국부합성거동에 의한 비렌딜휨강도는:
$M_{vc,Rd} = \Delta N_{c,Rd}\,(h_s + z_t - 0.5\,h_c)\,k_o$
$= 188 \times (130 + 14 - 35) \times 10^{-3} \times 0.75 = 15.4$ kNm

비렌딜휨강도 검토
비렌딜휨강도의 적절여부는 다음의 식으로 평가한다:
$2M_{bT,NV,Rd} + 2M_{tT,NV,Rd} + M_{vc,Rd} \geq V_{Ed}\ell_e$

위의 값을 사용하면 T단면의 총 강도는:
1번 개구부:
$2 \times 8.8 + 2 \times 11.4 + 15.4 = 55.6$ kNm
2번 개구부
$2 \times 7.1 + 2 \times 11.4 + 15.4 = 52.4$ kNm

설계 비렌딜모멘트는:
1번 개구부에서 $M_v = V_{Ed}\ell_o = 121 \times 0.5 = 60.5$ kNm (>55.6 kNm)
2번 개구부에서 $M_v = V_{Ed}\ell_o = 87 \times 0.5 = 43.5$ kNm (< 52.4 kNm)

따라서 1번 개구부를 보강해야 하며 2번 개구부는 보강할 필요가 없다.

상부 T단면의 최대 비렌딜휨강도를 발현할 때, 2 × 11.4 / 0.500 = 45.6 kN의 전단력을 지지한다. 이는 소성전단강도의 27%에 해당하는 크기로 전단력에 의해 휨강도를 감소할 필요가 없다.

7.7 보강된 1번 개구부의 휨강도

보강된 T단면의 단면 물성

80 × 10의 판재를 개구부 가장자리에서 웨브방향으로 10 mm 떨어진 양쪽 T단면에 용접한다. 판재의 중심은 플랜지 외측면으로부터 63.5 mm 떨어져 있다.

판재의 변장비= 80/10 = 8이고, 등급 2의 제한값(즉 S355강재에 대해 10ε = 8.1)보다 작다

스티프너의 면적 $A_r = 80 \times 10 = 800\ \text{mm}^2$

플랜지 외측면부터 탄성중립축까지의 깊이는 스티프너의 추가로 인해 다음과 같이 증가한다:

$$z_{el} = \frac{14.0 \times 3380 + 800 \times 63.5}{3380 + 800} = 24\ \text{mm}$$

보강된 두 T단면의 중심 사이 거리는:

$h_{eff} = 457 - 2 \times 24 = 409\ \text{mm}$

웨브면적 ($64 \times 9 = 576\ \text{mm}^2$)과 스티프너 면적을 더한 값이 플랜지 면적 ($190 \times 14.5 = 2755\ \text{mm}^2$)보다 작기 때문에 소성중립축은 플랜지에 존재하며 깊이는 다음과 같다:

$$z_{pl} = \frac{190 \times 14.5 + 64 \times 9.0 + 80 \times 10}{2 \times 190} = 10.9\ \text{mm}$$

보강된 T단면의 인장강도:

$N_{bT,Rd} = 1200 + 80 \times 10 \times 355 \times 10^{-3} = 1484\ \text{kN}$

T단면의 소성강도는:

$$M_{pl,Rd} = \frac{A_{w,T} f_y}{\gamma_{M0}} \left(\frac{h_{wt}}{2} + t_f - z_{pl} \right) + \frac{A_f f_y}{\gamma_{M0}} \left(0.5 t_f - z_{pl} + z_{pl}^2 / t_f\right)$$
$$+ \frac{A_r f_y}{\gamma_{M0}} (t_f + h_{w,T} - e_r - z_{pl})$$

$$M_{pl,Rd} = \left[\frac{64 \times 9 \times 355}{1.0} \left(\frac{64}{2} + 14.5 - 10.9 \right) + \right.$$
$$+ \frac{190 \times 14.5 \times 355}{1.0} \left(\frac{14.5}{2} - 10.9 + \frac{10.9^2}{14.5} \right)$$
$$\left. + \frac{80 \times 10 \times 355}{1.0} (14.5 + 64 - 15 - 10.9) \right] \times 10^{-6}$$

$= 7.3 + 4.4 + 14.9 = 26.6$ kNm

하부 T단면이 받는 힘

상부 T단면이 보강된 합성단면의 소성중립축은 여전히 플랜지에 존재하며(3.2절의 경우 2), 합성단면의 휨강도는 다음과 같다:

$M_{o,Rd} = N_{bT,Rd}h_{eff} + N_{c,Rd}(z_t + h_s - 0.5h_c)$

$M_{o,Rd} = [1480 \times 409 + 686 \times (14 + 130 - 0.5 \times 70)] \times 10^{-3}$

$= 682$ kNm

(비보강된 단면에서도 강도가 적합하였기 때문에 검토할 필요가 없지만 완결성을 위해 포함함.)

경우 2에 대해 하부 T단면의 인장력은 다음과 같다:

$$N_{bT,Ed} = \frac{M_{Ed}}{(h_{eff} + z_t + h_s - 0.5z_c)}$$

$$N_{bT,Ed} = \frac{310}{(409 + 24 + 130 - 0.5 \times 70)} \times 10^3 = 587 \text{ kN } 1\text{번 개구부}$$

비렌딜휨강도

축인장력을 받는 보강된 하부 T단면의 휨강도는 선형상관관계에 따라 다음과 같이 감소된다:

$$M_{bT,N,Rd} = M_{pl,Rd}\left[1 - \left(\frac{N_{bT,Ed}}{N_{bT,Rd}}\right)\right] = 26.6 \times (1 - (587/1484)) = 16.1 \text{ kNm}$$

보강된 개구부에서 개구부 길이에 의한 비렌딜휨강도의 감소계수 k_o는 다음과 같다:

$k_o = 1 - \ell_o /(35\ h_t) = 1 - 500/(35 \times 78.5) = 0.82$

국부합성거동에 의한 비렌딜휨강도는 다음과 같다:

$M_{vc,Rd} = \Delta N_{c,Rd}\ (h_s - 0.5\ h_c + z_t)\ k_o$

$= 188 \times (14+95) \times 10^{-3} \times 0.82 = 16.8$ kNm

(덜 보수적인 개구부 길이에 의한 감소계수는 3.4절의 대체법으로 얻을 수 있으며, 그 값은 표 3.3과 같다. 하지만 여기서는 적용하지 않음.)

비렌딜휨강도의 적절함은 다음의 식으로 평가한다:

$2M_{bT,NV,Rd} + 2M_{tT,NV,Rd} + M_{vc,Rd} \geq V_{Ed}\ell_e$

위의 값을 사용하면 총강도는:
$2 \times 16.1 + 2 \times 26.6 + 16.8 = 102.2$ kNm

1번 개구부의 설계 비렌딜모멘트는:
$M_v = V_{Ed}\ell_o = 121 \times 0.5 = 60.5$ kNm

따라서 비렌딜휨강도에 대해 보강된 개구부는 적절하다

강도가 모두 발현될 경우, 상부 T단면의 전단력은:
$2 \times 26.6 / 0.5 = 106$ kN

이는 $V_{pl,Rd}$ (=172 kN, 109쪽 참조)의 50%보다 크며, $M_{tT,NV,Rd}$ 는 전단에 대해 감소되어야한다. 여기서는 비렌딜휨강도 효율이 60.5 / 102 = 59%에 불과하므로 감소할 필요가 없다.

7.8 웨브포스트의 전단, 휨 및 좌굴

좁은 간격의 직사각형 개구부는 비렌딜휨강도가 인근 웨브포스트의 휨강도에 의해 제한될 가능성이 크다:

하부 T단면의 증가하중과 같은 크기의 힘이 슬래브에 발현될 수 있도록 개구부 중심선 사이가 충분히 전단접합 되었는지 확인한다.

충분한 전단접합이 되면 $V_{wp,Ed} \leq \Delta N_{cs,Rd}$

$$V_{wp,Ed} = \frac{V_{Ed}s}{(h_{eff} + z_t + h_s - 0.5h_c)}$$

개구부 중심선 사이의 V_{Ed} 와 h_{eff} 를 보강된 개구부에 대해 구한다

$$V_{wp,Ed} = \frac{95 \times 900}{(409 + 24 + 130 - 0.5 \times 70)} = 162 \text{ kN}$$

$\Delta N_{cs,Rd} = n_{sc,s}P_{Rd}$
$n_{sc,1\text{-}2} = 6$ 일 때
$\Delta N_{cs,Rd} = 6 \times 57.2 = 343$ kN

그러므로 개구부 중심선 사이는 충분히 전단접합 되었다.

웨브포스트의 전단강도

웨브포스트의 수평전단력은 다음과 같다:

$$V_{wp,Rd} = \frac{(s_o t_w) f_y / \sqrt{3}}{\gamma_{M0}} = \frac{400 \times 9.0 \times 355}{\sqrt{3}} \times 10^{-3} = 738 \text{ kN}$$

웨브포스트의 전단강도는 적절하다

웨브포스트의 좌굴강도

웨브포스트의 탄성휨강도:

$$M_{wp,Rd} = \frac{s_o^2 t_w}{6} \frac{f_y}{\gamma_{M0}}$$

$$= 400^2 \times 9.0 \times 355 / 6 \times 10^{-6} = 85.2 \text{ kNm}$$

웨브포스트휨에 의해 제한되는 보의 전단강도는 다음 중 작은 값으로 한다:

$$V_{Rd} = \frac{2M_{wp,Rd} / s + 4M_{bT,NV,Rd} / \ell_o}{1 + (2e_o + h_o) / h_{eff}} + \frac{\Delta N_{cs}}{s} (z_t + h_s - 0.5h_c)$$

$$V_{Rd} = [2M_{wp,Rd} / s + 4M_{bT,N,Rd} / \ell_o] \frac{[h_{eff} + h_s - 0.5h_c]}{[h_{eff} + 2e_o + h_o]}$$

한 쪽 개구부만 보강되었으므로 두 T단면 비렌딜강도의 평균값을 사용한다:

$M_{bT,N,Rd} = (16.1 + 7.1)/2 = 11.6$ kNm

따라서 웨브포스트에 의해 제한되는 강도는 다음 중 작은 값으로 한다:

$$V_{Rd} = \frac{2 \times 85.2 / 900 + 4 \times 11.6 / 500}{1 + (0 + 300) / 409} \times 10^3$$

$$+ \frac{342}{900} (24 + 130 - 0.5 \times 70) = 208 \text{ kN}$$

$$V_{Rd} = [2 \times 85.2 / 900 + 4 \times 11.6 \times 10^3 / 500] \times 10^3$$

$$\times \frac{[409 + 130 - 0.5 \times 70]}{[409 + 0 + 300]} = 201 \text{ kN}$$

따라서 $V_{Rd} = 201 \text{ kN} > V_{Ed} = 95 \text{ kN}$

웨브포스트의 휨강도 $M_{wp,Rd}$는 전단강도를 제한하지 않는다.

웨브포스트의 압축력은 개구부 중간 높이의 웨브포스트 모멘트를 작게하여 줄어든다. 만약 $M_{wp,Ed} = 0$으로 가정하면, 웨브포스트 상단의 모멘트는 $V_{wp,Ed} \times h_o/2$ (= 162 × 0.15 = 24.2 kNm) 이다. 이 값을 위의 웨브포스트 휨에 의해 제한된 전단강도식에 넣으면 $V_{Rd} = 104 \text{ kN} > V_{Ed} = 95 \text{ kN}$를 얻는다. 따라서 $M_{wp,Ed} = 0$의 가정은 전단강도의 검증 및 웨브포스트 좌굴강도의 검증과 일관성을 갖는다.

웨브포스트의 좌굴
좁은 간격의 개구부에서 웨브포스트의 유효압축력은 다음과 같다:

$$N_{wp,Ed} = V_{wp,Ed} + |M_{wp,Ed}| / (h_o / 2)$$

위에서와 같이 $M_{wp,Ed} = 0$ 으로 가정함

따라서 $N_{wp,Ed} = V_{wp,Ed} + 0 = 162 \text{ kN}$

$s_o < \ell_o$ 이므로 좁은 간격의 개구부이며 웨브포스트 세장비는:

$$\bar{\lambda} = \frac{2.5\sqrt{s_o^2 + h_o^2}}{t_w} \frac{1}{\lambda_1}$$

$$\bar{\lambda} = \frac{2.5\sqrt{400^2 + 300^2}}{t_w} \frac{1}{76} = 1.83$$

따라서:
$\Phi = 0.5\,(1 + a(\lambda - 0.2) + \bar{\lambda}^2) = 2.5\bar{7}$, 여기서 a=0.49 (좌굴곡선 c) 이며;

$$\chi = \frac{1}{\Phi + (\Phi^2 - \bar{\lambda}^2)^{0.5}} = [2.57 + (2.57^2 - 1.83^2)^{0.5}]^{-1} = 0.23$$

$$N_{wp,Rd} = \chi \frac{s_o t_w f_y}{\gamma_{M1}} = 0.23 \frac{400 \times 9 \times 355}{1.0} \times 10^{-3}$$

$$= 292 \text{ kN} > N_{wp,Ed} = 162 \text{ kN}$$ 만족

개구부 사이가 완전합성된 경우 웨브포스트 좌굴에 의해 제한되는 수직전단 강도식은 다음과 같다:

$$V_{Rd} = [N_{wp,Rd}\,(h_o / s) + 4M_{bT,NV,Rd} / \ell_o] \frac{[h_{eff} + h_s - 0.5h_c]}{[h_{eff} + h_o + 2e_o]}$$

$$V_{Rd} = [292\,(300 / 900) + 4 \times 11.6/0.500] \frac{[409 + 130 - 0.5 \times 70]}{[409 + 300 + 0]}$$
$$= 134 \text{ kN}$$

따라서 $V_{Rd} = 134$ kN > $V_{Ed} = 95$ kN 만족

이 전단강도 값이 $M_{wp,Ed} = 0$ ($V_{Rd} = 104$ kNm)로 가정했을 때 웨브포스트 휨에 의해 제한된 값보다 큰 것에 주의하라. 작은 값이 지배요소이다.

8 시공단계

시공단계에서 취약한 경우는 드물지만 설계의 완결성을 위해 앞에서 선택한 보의 물성치를 갖는 개구부에 대해 검토를 진행한다.

보강된 직사각형 개구부의 설계를 검토한다:
시공단계의 설계하중 $q_d = 5.49$ kN/m²
보 중앙부의 최대 모멘트 $M_{Ed} = 206$ kNm

직사각형 개구부의 최대 모멘트
$M_{o,Ed} = (5.49 \times 3 \times 5) \times 2.05 - 5.49 \times 3 \times 2.05^2 / 2 = 134$ kNm

개구부의 전단력 $V_{Ed} = 5.49 \times 3 \times (5 - 1.8) = 52.7$ kN

비개구부 강재보의 휨강도

$M_{Rd} = W_{pl,y} f_y / \gamma_{M0}$

$= 1650 \times 10^3 \times 355 \times 10^{-6} = 586 \text{ kNm} > 195 \text{ kNm}$

개구부 강재보의 휨강도

$M_{o,Rd} = 586 - 9.0 \times 300^2 \times 355 \times 10^{-6}/6 = 538 \text{ kNm} > 137 \text{ kNm}$

직사각형 개구부의 비렌딜모멘트

$M_{v,Ed} = V_{Ed} \ell_o = 52.7 \times 0.5 = 26.4 \text{ kNm}$

하부 T단면의 인장력

$N_{b,Ed} = M_{o,Ed} / h_{eff} = 134 \times 10^3 / 409 = 328 \text{ kN}$

보강된 T단면의 휨강도 $M_{pl,Rd} = 27.9 \text{ kNm}$

보강된 T단면의 인장강도 $N_{pl,Rd} = 1484 \text{ kN}$

인장력을 함께 받는 보강된 T단면의 휨강도

$M_{pl,N,Rd} = M_{pl,Rd} (1 - N_{Ed} / N_{pl,Rd})$

$M_{pl,N,Rd} = 27.9 \times (1 - 328/1484) = 21.7 \text{ kNm}$

T단면의 합성비렌딜휨강도

$M_{V,Rd} = 4\ M_{pl,N,Rd} = 4 \times 21.7 = 86.8 \text{ kNm} > 26.4 \text{ kNm}$ 만족

9 사용성 한계상태

9.1 처짐

탄성계수

강재: $E_a = 210\ 000 \text{ N/mm}^s$

콘크리트: $E_{cm} = 33 \text{ GPa}$ (단기 하중)

$E_{c,eff} = E_{cm} / 2 = 16.5 \text{ GPa}$ (장기 하중)

탄성계수 비(장단기 하중에 대해, §4-1-1/§5.4.2.2(11)참조):

$$n = \frac{E_a}{E_{c,eff}} = \frac{210}{16.5} = 12.7$$

비합성 단계

지속하중만을 고려(시공하중 무시)

합성슬래브와 보의 자중 = 0.4 +2.45 = 2.85 kN/m²

$$w_a = \frac{5g_k bL^4}{384E_a I_y} = \frac{5 \times 2.85 \times 3 \times 10^4 \times 10^9}{384 \times 210 \times 33300 \times 10^4} = 15.9 \text{ mm}$$

합성단계

마감, $g_k = 1.3$ kN/m²

재하하중, $q_k = 5.0$ kN/m²

합성단면의 단면이차모멘트 I (개구부 기준)는 다음과 같이 표현된다:

$$I_c = \frac{A\,(h + h_s + h_p)^2}{4\,(1 + nr)} + \frac{b_{eff} \times h_c^3}{12n} + I_y$$

여기서:

$$r = \frac{A}{b_{eff} h_c} = \frac{9460}{2500 \times 70} = 0.054$$

$$I_c = \frac{9460 \times (457 + 130 + 60)^2}{4\,(1 + 12.7 \times 0.054)} + \frac{2500 \times 70^3}{12 \times 12.7} + 33300 \times 10^4$$

$$I_c = 926 \times 10^6 \text{ mm}^4$$

마감과 적재하중에 의한 처짐:

$$w_i = \frac{5q_k bL^4}{384E_a I_c} = \frac{5 \times 6.3 \times 3 \times 10^4 \times 10^9}{384 \times 210 \times 926 \times 10^6} = 12.7 \text{ mm}$$

(완전합성으로 가정)

이 설계에서 미끌림에 대한 부분전단접합효과는 전단연결정도가 0.5를 초과하므로 무시한다.

총처짐, $w = 15.9 + 12.7 = 28.6$ mm

개구부에 의한 추가처짐, w_{add}

각각의 개구부에 대해, 개구부에 의한 추가처짐은 다음과 같다:

$$\frac{w_{add}}{w} = k_o\left(\frac{\ell_o}{L}\right)\left(\frac{h_o}{h}\right)\left(1 - \frac{x}{L}\right)$$

여기서 보강된 개구부는 $k_o = 1.0$, 비보강된 개구부는 $k_o = 1.5$이다

1번 개구부(보강된 직사각형 개구부)의 경우:

$$\frac{w_{add}}{w} = 1.0\left(\frac{0.5}{10}\right)\left(\frac{0.3}{0.457}\right)\left(1 - \frac{2.05}{10}\right) = 0.026$$

2번 개구부(비보강된 직사각형 개구부)의 경우:

$$\frac{w_{add}}{w} = 1.5\left(\frac{0.5}{10}\right)\left(\frac{0.3}{0.457}\right)\left(1 - \frac{2.95}{10}\right) = 0.035$$

3번 개구부(원형 개구부)의 경우:

$$\frac{w_{add}}{w} = 1.5\left(\frac{0.135}{10}\right)\left(\frac{0.3}{0.0457}\right)\left(1 - \frac{2.40}{10}\right) = 0.010$$

4번 개구부(원형 개구부)의 경우:

$$\frac{w_{add}}{w} = 1.5\left(\frac{0.135}{10}\right)\left(\frac{0.3}{0.457}\right)\left(1 - \frac{1.95}{10}\right) = 0.011$$

개구부에 의한 총처짐:

$$w_{add} = (0.026 + 0.035 + 0.010 + 0.011) \times 31.2$$
$$= 0.082 \times 28.6 = 2.3\ \text{mm}$$

개구부 허용 후, 적재하중만 작용할 때의 처짐은: 12.7 × (1 + 0.082) × 5.0 / 6.3 = 10.9 mm.

이는 적재하중에 대한 일반적인 처짐 제한인 경간길이/360 (= 27.7 mm)보다 작다.

총처짐 = 28.6 + 2.3 = 30.9 mm

이는 경간길이/323에 해당하며 일반적인 총처짐 제한인 L/250보다 작다.

9.2 진동

사용성 한계상태에서, 고유진동수는 사용자의 편의를 위해 근사값을 상회해야 한다.

빈도하중조합을 사용해야 한다.

빈번하중조합은 다음과 같다:

$$\sum_{j\geq 1} G_{k,j} + P + \psi_{1,1}Q_{k,1} + \sum_{i>1}\psi_{2,i}Q_{k,i}$$

범주 A와 B의 건물은 $\psi_1 = 0.5$ 이므로 총설계하중은:

자중	$2.85 \times 1.0 = 2.85$ kN/m²
마감	$1.3 \times 1.0 = 1.3$ kN/m²
적재하중	$5.0 \times 0.5 = 2.5$ kN/m²
	6.45 kN/m²

합성단면의 단면이차모멘트를 산정할 때 콘크리트의 동적계수를 사용하여 고유진동수를 산정한다.

P354로부터, $E_{c,dyn} = 38$ kN/mm² 이며 $n = 210/38 = 5.53$

위와 같이 $r = 0.054$ 사용

따라서

$$I_c = \frac{9460 \times (457 + 130 + 60)^2}{4\,(1 + 5.33 \times 0.054)} + \frac{2500 \times 70^3}{12 \times 5.33} + 33300 \times 10^4$$

$$I_c = 1120 \times 10^6 \text{ mm}^4$$

개구부 효과는 대략 보의 처짐을 8% 증가시킨다. 따라서 $I_{cl} = 0.92 \times 1120 \times 10^6$ mm⁴ $= 1030 \times 10^6$ mm⁴ 를 사용한다.

$$w_{sw} = \frac{5q_{sw}bL^3}{384E_aI_{cl}}$$

$$= \frac{5 \times 6.45 \times 3.0 \times 10^4 \times 10^9}{384 \times 210 \times 1030 \times 10^6} = 11.6\ \text{mm}$$

$$f = \frac{18}{\sqrt{w_{sw}}} = \frac{18}{\sqrt{11.6}} = 5.3\ \text{Hz}$$

바닥형태와 건물용도를 고려한 전체 바닥의 동적응답에 대한 상세한 평가가 필요하다(P354참조[24]).

대형 웨브 개구부를 갖는 합성보 설계 - 정가 14,000원
Design of Composite Beams With Large Web Openings

초판 _ 1쇄 발행 2011년 3월 1일
펴낸곳 _ RIST 재)포항산업과학연구원
홈페이지 _ RIST - www.rist.re.kr / RIST 강구조연구소 - ss.rist.re.kr
책임감수 _ RIST 강구조연구소 / 서울대학교 이철호 외
번역 _ RIST 강구조연구소 - 김진호, 백승경, 하태휴, 정미영
서울대학교 건축학과 - 이철호, 김정재, 안재권, 한규홍
부산대학교 건축학부 - 오상훈, 박해용
고려대학교 건축사회환경공학부 - 주영규, 류재호
편집디자인 _ 씽크 커뮤니케이션즈 T.02.3444.1437
출판사 _ 구미서관 - www.goomibook.com T.02.333.1101
출판등록 _ 1979년 6월 29일 No.9-6호

ISBN 978-89-8225-833-6(93540)